雲圖鑑

田中達也◎著

晨星出版

Contents 目次

人類習慣地由圖片影像的外觀形狀和顏色，來強化我們對於某一事物的認知和分辨，比如貓狗圖鑑、植物動物圖鑑，甚至是汽車或是葡萄酒圖鑑。1802 年英國化工兼業餘氣象學者 Luke Howard 利用類似林奈系統的拉丁文分類法，開啓了「雲」的命名法則；事隔將近一世紀之後，1896 年法國巴黎的國際氣象會議「雲委員會」沿用 Luke Howard 的命名出版了《國際雲圖鑑（The International Cloud Atlas）》，正式把天空上吸引眾人目光的「雲」按圖索驥來達到認知的目的。雖然《國際雲圖鑑》歷經了聯合國世界氣象組織（World Meteorological Organization）數度改版，一直是官方與學術界對於雲觀察記錄的範本，也是地球科學教科書上惱人的背誦對象，因爲每當我們抬頭看看天空的雲，變幻不定的形態和模糊的高度，再加上光影的攪和，有時混淆了我們腦海中的雲圖印象；換言之，透過雲圖鑑來賞雲實在不是個妙主意。有沒有其他更好的方法呢？

筆者在學校講授「大氣測計學」有關「雲」的單元時，總是談論雲圖鑑的瓶頸以及提醒學生要把關注的焦點從雲的「形狀」，轉移到雲的「天空遮蔽量」、「高度」和「厚度」，它們才是天氣與氣候上更容易量化與應用的因子。這些雲因子所扮演的角色，10 年前《世界地理雜誌》一篇 Andreas Weber 的文章「雲，天空裡的大海」有簡潔精彩的說明，編輯們給這篇文章一個很貼切的中文標題，叫做「雲——科學不能承受之輕？」，畫龍點睛般地道出「雲」在大氣科學研究觀點的重要與難度；無獨有偶地，2005 年美國威斯康辛大學教授王寶貫也在臺灣《經典》雜誌撰寫了一篇文學與科學兼顧的美妙文章「坐看雲起時」，更把雲的「多重面相」，包括雲在中國文學的出沒，說個明白。2008 年遠流出版社的《看雲趣（The Cloudspotter's Guide）》，作者 Gavin Pretor-Pinney 用散記的輕鬆方

式來撰寫他對雲的觀察與喜好；其中，王寶貫老師和吳育雅老師的推薦序文都是不能錯過的賞雲基本功夫。

　　話說回來，除了世界氣象組織，市面上流通的中文與外文「雲圖鑑」書籍不在少數，包括筆者給臺灣大學山地農場編撰的《梅峰賞雲》口袋書。這一類書籍都是把某一地的雲相照片彙整，再按照國際雲圖鑑的命名規則一一加以編列和說明；這類「半」工具書沒有鮮明的文字特色，收藏幾本後就興趣缺缺，因此當晨星出版社捎來訊息請我為田中達也先生這本《雲圖鑑》寫一篇序文時，讓我著實苦惱了幾天。為了不讓讀者買了書又後悔或是閒置，我先調查田中達也先生的攝影背景，也推薦長年在玉山北峰氣象站擔任氣象觀測工作，並有豐富的雲彩拍攝經驗的謝新添先生，來逐字審訂這本書的全文。

　　這本書在日本原名是《雲・空》，作者的攝影專業能力經過查證無庸置疑，全文的編排利用很有翻動效率的彩色頁緣檢索以及統一的版面配置，把每一張如詩如幻的天空雲彩照片，快速地幫讀者進行特徵解說，右下角還貼心地配上一幅「國際雲圖鑑」做為分類對照，變成了一本真的可以插在褲子後口袋、看著天空雲彩隨身抽取出來快速查閱的「真」工具書；這一情景讓我聯想到臺灣大學山地農場生態解說第一把交椅的林信雄先生，每次當他從單筒望遠鏡瞄到林間的小鳥，然後神乎奇技地短短幾秒鐘翻開他手中的鳥圖鑑書，給身旁的朋友們一邊看圖一邊看鳥。透過這本田中達也先生的雲圖鑑，我預期用心的讀者也能變成一位讓人瞠目結舌的「賞雲」快槍手。

臺灣大學大氣科學系　林博雄　2008 年，臺北

如何使用本書

　　本書內容以十雲屬為主軸，並收錄其他各種形狀的雲、雲的俗稱、自古即被人們冠上特殊封號的雲。此外，並將介紹內容延伸到彩虹（光象）、下雨（水象）等大氣中的各種現象、二十四節氣與季節語。不論是雲或天氣，都是非常貼近我們日常生活的自然現象，各位不妨多查閱本書、充分了解在我們生活中頻繁出現的天氣現象吧！

頁緣檢索

針對雲的高度、厚薄和形態作成的分類檢索框。

照片

精選最能代表各種雲、大氣現象或季節語的精美照片。

內文

第一章介紹雲的形狀、特徵，雲與降雨的關係。第二章起介紹各種雲或其他大氣現象及其相關資訊，以及一些較貼近日常生活的話題。

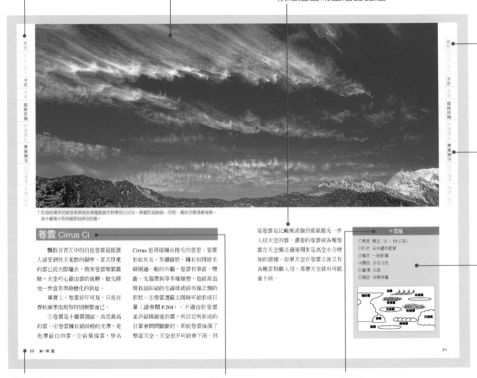

↑形似從業系統的波浪系的卷層雲覆滿高於秋季的晴空。看雲形如旗帜、羽毛，當然之間過折疊骸，是中層雲所成卷雲組織的意。

卷雲 Cirrus Ci

　　飄散在青天中的白色卷雲最能讓人感受到秋天來訪的腳步。夏天厚重的雲已從天際離去，換來卷雲與卷層雲臉，天空巧心藉由雲的流轉，搶先一步宣告季節變化的訊息。

　　事實上，卷雲終年可見，只是在春秋兩季出現得特別細薄而已。

　　①卷雲是十雲屬裡高度最高的雲。②卷雲擁有絹絲般的光澤，色澤是白的雲。②俗稱擦雲，學名

Cirrus也同樣擁有捲毛的意思。卷雲形如其名，呈纖細狀，擁有如同被毛蝟刷過一般的外觀。卷雲有筆直、彎曲、先端帶鈎等多種類型，也經常出現有如扭結的毛線或綻布條之類的形狀。③卷雲還盤太陽時可能形成日暈（請參閱 P.204）。不過由於卷雲並非結構細密的雲，所以它所形成的日暈會間間斷斷的。即使卷雲偷蓋了雲面天空，天空也不可能會下雨。但

是卷雲是比颱風或像綯低氣壓先一步入侵天空的雲。濃密的卷雲或各種卷雲在天空廣泛遍佈開來是高空水分增加的證據。如果天空在卷雲之後又有各種雲相繼入侵，那麼天空就可能會下雨。

介紹順序

第一章依序介紹十雲屬、雲類、變型、副型與附屬雲。第二章介紹特別的雲、基本十雲屬的俗稱、山裡面的雲。第三章介紹天空中的顏色，以及光、電、水、塵所形成的各種大氣現象。第四章介紹曆法上的四季。

名稱

色帶標示雲的名稱、俗稱或其他大氣現象的名稱，並標示其英文名稱、英文簡稱等資訊。

分類

依據世界氣象組織（**WMO**）所發行《國際雲圖》（一九五六年版）內容，揭示所介紹雲的屬（介紹順序由十雲屬起，其次為雲類、變型、副型與附屬雲）。

6

雲底高度與雲厚

觀測雲時，最容易調查到的雲資訊就屬雲底高度與雲厚這兩項。本書所記載雲出現高度以溫帶地區為適用範圍。右排頁緣檢索之雲底高度與雲厚項下各分項意義如下：

■ 高空＝高層天空，高度約 5 ～ 13 公里

■ 中空＝中層天空，高度約 2 ～ 7 公里

■ 低空＝低層天空，地面附近～高度約 2 公里

■ 薄雲＝當雲體遮蔽太陽時，太陽輪廓依然清晰可見或模糊可辨的雲體厚度。

■ 厚雲＝當雲體遮蔽太陽時，完全遮蔽太陽，使太陽輪廓完全不可見的雲體厚度。

雲的形態

各種不同種類的雲，以各種不同的姿態出現在天空中。不過儘管雲的形狀千姿百態，還是可以依據其外形特徵，利用本書所提供的頁緣檢索詢得名稱與相關訊息。右排頁緣檢索之雲形依序各項意義如下：

■ 纖維結構＝呈絲縷狀，或在其擴散的雲體範圍中擁有絲縷狀纖維結構的雲。

■ 群體擴散＝形體或大或小，彼此若即若離地廣布在天空中的雲。

■ 單獨飄浮＝單獨存在，彼此相隔甚遠的雲。如莢狀雲，或天氣惡化時飛掠低空雲。

■ 均勻瀰漫＝均勻地瀰漫在空中的雲。

■ 高聳＝遠遠望去，形體格外高聳碩大的雲。

■ 其他＝屬於某種雲的一部分，或伴隨其他雲一起出現的雲。

資料欄

欄內分項記述雲底高度、形狀特徵、顏色、厚度等資料。

①高度＝記述雲底高度。

②形狀＝歸納雲的形狀特徵。

③厚度＝記述雲的厚度。薄雲是指遮蔽太陽，且其厚度在使太陽輪廓依然清晰可見或模糊可辨程度的雲；厚雲是指完全遮蔽太陽，且其厚度已使太陽輪廓完全不可見程度的雲。

④顏色＝指雲在白天飄浮於天空時，肉眼可見的顏色。

⑤雲滴＝指構成該片雲的雲滴狀態。

⑥備註＝記述雲的俗稱。

圖＝表示基本十雲屬的形狀與高度的模型圖。淺藍色標記顯示正在介紹的雲。

＊第 114 ～ 153 頁①項目內容調整如下：

①所屬雲屬＝記述該種雲以何種雲屬呈現。

雲概說

雲發生的場所

覆蓋地球的大氣層會隨高度變化展現出不同的特性。整個大氣層可以細分為數層，其中有雲飄浮或有風流動的氣層是位於最下層的「對流層」。

對流層中空氣密度大，含有豐富的水蒸氣。而且由於對流層底部經常受到地表或海洋熱氣的溫暖而產生對流作用，所以空氣擾動得非常激烈。

在對流層中，高度每上升 1 公里，氣溫就會下降攝氏 5-6 度。高度 10 公里左右的高空已是「對流層頂」，也就是對流層與平流層的交界地帶。

雲的本質

雲是由體積非常微小的水滴或冰晶（半徑約 0.001 ～ 0.1 公釐）聚集飄浮在空中的物體，我們稱這些組成雲的物體為

增溫層	距離地面 80 至 500 公里左右的空中。氣溫隨高度增加而急遽升高。
中氣層	距離地面 50 至 80 公里左右的空中。氣溫隨高度增加而降低。
平流層	距離地面 10 至 50 公里左右的空中。這一層的氣溫變化微乎其微，不過還是有隨高度增加而約略增溫的現象。
對流層	自地面起至高度約 10 公里左右的空中。氣溫會隨高度增加而下降。

↑ 從兩極到赤道，各氣層的所在高度會隨地區而有不同。本書依據日本氣象廳所規範的《地上氣象觀測指南》，將有雲層出現的對流層高度訂為 13 公里。

雲滴。雲滴非常微小而且也非常輕盈，因此雲滴擁有很強的空氣阻力，可以讓下降速度非常緩慢，所以能在空氣中飄浮。當雲滴聚集形成雨滴或雪，就會因為重量增加而從雲層掉落下來。

↑ 變化中的積雨雲上層。任何一種雲都是由液態或固態的水組成，而這些由液態或固態水組成的雲滴，會在雲層裡面不斷地被產出或被消滅。

↑ 不同高度與形狀的雲帶在天空中延伸開來。左邊天空是兩條卷雲，右邊天空是兩條卷積雲。同一片天空裡的兩種雲，分別是兩種不同高度、不同狀態的氣層的傑作。雲滴種類或濃度、水蒸氣含量，以及風向都是改變雲體姿態的原因。

雲的材料

空氣中的水蒸氣、可以形成雲滴的凝結核都是成雲的必備材料。當包含上述成雲材料的空氣被冷卻之後，原本肉眼不可見的水蒸氣（氣態的水）就會在凝結核周圍凝結成水（液態的水），或凝華成冰（固態的水），水的顏色也由透明無色變成我們肉眼能見的白色。雲，就是這樣子形成的。

飄浮在空氣中的火山灰、被吹散到空氣中的海鹽，還有廢氣或煙霧中的灰塵等，都可成為雲的凝結核。對流層的大氣中就大量含有上述灰塵。

形成雲的氣流

雲發生在大氣上升的地方。就像我們都知道高山空氣既稀薄又寒冷一樣，當空氣由低處飄往高處時，同樣也會變得稀薄而寒冷，使得空氣所挾帶的水蒸氣凝結成水或凝華成冰而形成雲。

山區附近、地面經常受到太陽曝晒而溫暖的地方，與低氣壓或鋒面附近都是雲容易形成的地方。在山區，水平飄過來的空氣遇到山壁阻礙後會被山坡向上抬升；在溫暖的地面，空氣會因為遇熱而向上飄升。另外，在低氣壓中心或鋒面附近也會有空氣上升的現象發生。

反過來說，空氣如果由上方飄降到下方，氣溫就會上升，使得水蒸發或冰昇華成水蒸氣而使雲消散，讓天氣好轉。例如在高氣壓中心，就是空氣會由上飄降而下的例子。

十雲屬

天空中存在著各式各樣的雲,而且乍看之下似乎毫無秩序可言。其實,雲是可以由從地面仰望所見的形狀,以及它的高度位置等特徵大致分成四個族、十種類型的,氣象學稱這十種類型為「十雲屬」。這是國際性的分類方式,而每一個雲屬也都各自擁有一個英文名稱以及英文縮寫。只要了解這十雲屬的分類方式,就不難辨別眼前的雲屬於哪種雲了。

層狀雲和對流性質的雲

由雲發生的方式來看,十雲屬可以被劃分為兩大類。

第一大類是:覆蓋在天空中,或薄薄的在天空中瀰漫、飄流開來的層狀雲。層狀雲通常伴隨低氣壓出現在空中,而且通常是安定的空氣層大範圍的層層飄升所形成的。十雲屬中的卷雲、卷積雲、卷層雲、高積雲、高層雲、雨層雲、層積雲、層雲即屬於層狀雲。

第二大類是:雲體朝垂直方向成長的對流性質的雲。十雲屬中的積雲和積雨雲即屬於對流性質的雲。受到地面或海面熱能的影響而變得溫暖潮溼的空氣會向上飄升。當這團溼暖的空氣受到太陽光熾熱的烘烤,或是被冷空氣從上方灌入,使大氣變得不安定時,就可以形成濃積雲或積雨雲。

■十種雲屬的名稱與常見高度

層	名稱	英文名稱	英文縮寫	見高度
高層天空 (高雲族)	卷雲	Cirrus	Ci	5～13公里
	卷積雲	Cirrocumulus	Cc	
	卷層雲	Cirrostratus	Cs	
中層天空 (中雲族)	高積雲	Altocumulus	Ac	2～7公里
	高層雲 [1]	Altostratus	As	
	雨層雲 [2]	Nimbostratus	Ns	
低層天空 (低雲族)	層積雲	Stratocumulus	Sc	地面附近～2公里
	層雲	Stratus	St	
(直展雲族) [3]	積雲	Cumulus	Cu	由雲頂到中高層
	積雨雲	Cumulonimbus	Cb	

(註1)高層雲通常發生於中層,但延續分布到高層的情形也很常見。
(註2)雨層雲通常發生於中層,但延續分布到高層或低層的情形也很常見。
(註3)積雲和積雨雲的雲底通常發生於低層,雲頂可達中層或高層,分類上又歸為直展雲族。

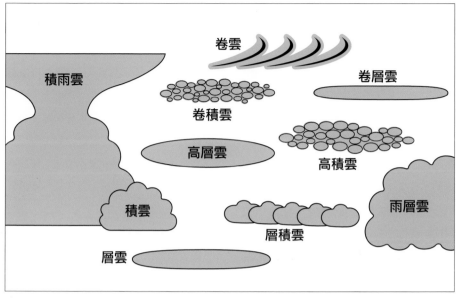

↑ 基本十雲屬的形狀與高度示意圖。本書會以淺藍色標示出介紹中的雲所屬模型圖中的何者。

高層、中層與低層的雲

　　雲也可以利用雲底高度作分類（左表）。當我們想要了解雲的種類時，我們也可以利用雲的所在高度來分辨，所以雲的所在高度也是一個相當關鍵的辨別線索。

●**高層天空的雲**　出現在對流層上層的雲。它的成員有：名稱裡面帶有「卷」字的卷雲、卷積雲、卷層雲；而且這些雲都長得非常容易辨別。由於上層天空的氣溫非常低，所以上層天空的雲是由冰晶雲滴組成的。當低氣壓壓境時，最先在天空中漫布開來的就是這些雲。

●**中層天空的雲**　出現在對流層中間帶的雲。它的成員有：高積雲、高層雲、雨層雲。這些雲的雲體絕大多數由水滴雲滴組成，少部分雲的雲頂由冰晶雲滴組成。中層天空的雲有時也會游移到高層或低層天空。而雨層雲的雲底漫布於低層天空，但它的結構很厚，雲頂經常可以到達高層天空；不過儘管如此，在氣象觀測上，雨層雲仍被歸納為中層天空的雲。

●**低層天空的雲**　出現在對流層最下層的雲。它們的雲滴一般是水滴；部分地屬嚴寒地帶低雲的雲滴才會以冰晶型態出現，而且能降下雪或霰。它的成員有：層雲、層積雲。另外，積雲、積雨雲也都被歸類屬於低層天空的雲。濃積雲和積雨雲即是帶有冰晶雲滴的雲。

分辨十雲屬的要領

基本十雲屬可以從雲的外觀形狀或擴散方式劃分成數個類型。建議讀者可以先學習辨別所見到的雲屬於分類方式中的哪一類，不必急在一下子就把十雲屬個別分辨清楚。通常，等到能夠清楚掌握各雲屬的特徵之後，自然就有辦法仔細分辨幾種型態相似的雲了。不過，天空中的雲無時無刻不在變化，而且經常在增厚、變薄，或一陣聚散離合之後演變成另一種雲。尤其對於變化中的雲，往往就連專家們也會在類別判定上感到困挫。在此倒是建議讀者在遇到難以判斷類別的雲時，先別急著下判斷，暫且把它的型態安置在記憶中的一角就好，然後在接下來的日子裡繼續仰頭觀雲，等型態典型的雲遇多了，已經能充分掌握各雲屬的特徵時，再來仔細推敲判定也不遲！

擁有絲縷般纖維結構的雲

以絲縷狀擴散延伸，或雲絲蜷捲、聚集的雲。這種型態的雲稱為卷雲。另外，卷層雲也經常出現絲縷般的纖維結構。

無數雲朵積集在一起的雲

會以大大小小的雲朵，或聚或散地飄浮在空中的雲，有卷積雲、高積雲、層積雲，以及小型的積雲。無數雲朵積集類型的雲，在名字裡面都有一個「積」字。

卷積雲、高積雲和層積雲除了可以用各自出現在不同高度的特色作為判斷線索外，也可以利用雲朵面積大小來加以辨別（詳見 **P.33**、**P.49**）。卷積雲經常和擁有絲縷般纖維結構的卷雲一起出現在空中。會以滾軸狀的雲條在天空中平行排列開來的雲，不是高積雲就是層積雲，再以滾軸的寬幅分辨，就可以分辨出究竟是兩者中的哪一種了。至於積雲，由於它的形狀非常明確，所以應該是非常容易辨別的。

均勻瀰漫開來的雲

沒有間斷，且會均勻地瀰漫籠罩住整片天空的雲，應該就是卷層雲、高層雲、

↑ 擁有絲縷般纖維結構的卷雲。

↑ 無數雲朵雲集的高積雲。

雨層雲或層雲的其中一種而已。雲層呈現均勻瀰漫類型的雲，在名字裡面都有一個「層」字。

　　卷層雲，質感輕薄，偶爾也會出現雲絲，遮蔽日月時會有日、月暈（P.204）產生。高層雲，厚度界於遮蔽太陽時，太陽輪廓隱約可見到完全不可見之間。雨層雲，質感非常的濃厚，出現時往往就占據掉一整面天空，並且造成降雨。至於層雲，則是漫布在最低層天空的雲。

　　濃積雲或積雨雲，若從雲下方仰望觀察，也是呈現均勻擴散的模樣。在同樣都是均勻瀰漫籠罩天空的雲中，會飄下綿綿細雨的是雨層雲；會瀉下傾盆大雨的是濃積雲；會伴隨雷鳴出現的則是積雨雲。

高聳的雲

　　無論是高度一般的積雲或濃積雲，雲頂都有一團一團的隆起，猶如花椰菜一般，所以非常容易辨別。另外，從遠處觀察到的積雨雲，形體魁梧巨大的程度為眾

雲之最，所以也很好分辨。不過如果要區分濃積雲和雲頂還沒攤平也還沒發毛的積雨雲，那就有些難度了。

雲飄移的速度

　　雲飄移的速度可以作為判斷雲朵所在高度的依據。此外，雲飄移的速度對雲屬的判別也有相當程度的幫助。

　　瞭望天空，看起來飄移速度最快的雲，是位在低空中的雲；再上一層，位於中層天空的雲，飄移速度看起來也還算快速；而高空中的雲，它的飄移速度看起來就很緩慢了。但是這樣的速度感，其實都是我們用肉眼觀察所得到的速度感；就真實情形而言，高空中的雲，才是飄移速度最快速的雲。

　　低空中的雲之所以會給人迅速飄移的錯覺，是因為它與觀察者的距離最近。這和我們搭火車觀看窗外風景時，感覺近處風景呼嘯飛逝而過，而遠處風景僅是悠悠緩緩地在移動是一樣的道理。

↑ 籠罩住整面天空的高層雲。

↑ 雲頂擁有團團隆起的積雲。

雲的分類

世界氣象組織（WMO）所發行的《國際雲圖》（1956 年版）將雲歸納成十屬，並在基本的十屬之內再細分出若干雲類、變型、副型與附屬雲。

■雲的分類的名稱

屬	雲類	變型	副型與附屬雲
卷雲（Ci）	纖維狀雲（fib） 鉤狀雲（unc） 密狀雲（spi） 塔狀雲（cas） 絮狀雲（flo）	雜亂雲（in） 輻射狀雲（ra） 脊椎狀雲（ve） 重疊雲（du）	乳狀雲（mam）*
卷積雲（Cc）	層狀雲（str） 莢狀雲（len） 塔狀雲（cas） 絮狀雲（flo）	波狀雲（un） 多孔雲（la）	旛狀雲（vir）* 乳狀雲（mam）*
卷層雲（Cs）	纖維狀雲（fib） 霧狀雲（neb）	重疊雲（du） 波狀雲（un）	
高積雲（Ac）	層狀雲（str） 莢狀雲（len） 塔狀雲（cas） 絮狀雲（flo）	透光雲（tr） 漏光雲（pe） 蔽光雲（op） 重疊雲（du） 波狀雲（un） 輻射狀雲（ra） 多孔雲（la）	旛狀雲（vir）* 乳狀雲（mam）*
高層雲（As）		透光雲（tr） 蔽光雲（op） 重疊雲（du） 波狀雲（un） 輻射狀雲（ra）	旛狀雲（vir）* 降水狀雲（pra）* 破片雲（pan）** 乳狀雲（mam）*
雨層雲（Ns）			降水狀雲（pra）* 旛狀雲（vir）* 破片雲（pan）**

（註）各屬之下的雲狀、變型、副型與附屬雲，依出現頻率排列。

　　雲狀以雲的外觀形狀或組成為依據。變型以雲的排列方式或厚度為依據。副型與附屬雲，是指在雲的某部分出現，形狀具有某種特徵（部分雲體擁有特徵）的雲，以及會伴隨其他雲一起出現（以附屬形式出現）的雲。所以說，一個雲類、變型、副型與附屬雲，擁有被歸納到數種雲屬的可能。

屬	雲類	變型	副型與附屬雲
層積雲（Sc）	層狀雲（str） 莢狀雲（len） 塔狀雲（cas）	透光雲（tr） 漏光雲（pe） 蔽光雲（op） 重疊雲（du） 波狀雲（un） 輻射狀雲（ra） 多孔雲（la）	乳狀雲（mam）* 旛狀雲（vir）* 降水狀雲（pra）*
層雲（St）	霧狀雲（neb） 碎雲（fra）	蔽光雲（op） 透光雲（tr） 波狀雲（un）	降水狀雲（pra）*
積雲（Cu）	淡雲（hum） 中度雲（med） 濃雲（con） 碎雲（fra）	輻射狀雲（ra）	幞狀雲（pil）** 帆狀雲（vel）** 旛狀雲（vir）* 降水狀雲（pra）* 弧狀雲（arc）* 破片雲（pan）** 管狀雲（tub）*
積雨雲（Cb）	禿雲（cal） 髮狀雲（cap）		降水狀雲（pra）* 旛狀雲（vir）* 破片雲（pan）** 砧狀雲（inc）* 乳狀雲（mam）* 幞狀雲（pil）* 帆狀雲（vel）** 弧狀雲（arc）* 管狀雲（tub）*

＊是具有部分特徵的雲的副型。＊＊是附隨其他雲出現的附屬雲。

雲的觀測

氣象觀測是調查「總雲量」、「各雲屬的雲量」、「雲屬」、「雲向」、「雲高」、「雲的狀態（紀錄雲體上、中、下層的狀態）」，並將上述資訊紀錄下來。

雲向

雲行進的方向稱為「雲向」。氣象觀測必須為每一屬雲分別記下八個方位的雲向。調查雲向可以協助我們了解上空的風向和雲行進方向的變化。有時我們可以發現，上下層天空的雲是各自飄往不同的方向，或各自以不同速度在飄行的。將雲的種種現象和天氣變化情形綜合起來你將會發現：氣象真的是一門很有趣的學問！

雲量

抬頭望天空，雲覆蓋天空部分占全天空的比例即是所謂的「雲量」。雲量和雲的濃密或種類沒有關係。雲量表示從零到十，共分十一級。零代表天空中完全沒有雲；十代表天空完全被雲遮蓋。調查個別雲屬的雲量時，和其他雲屬重疊的部分也要納入計算。

雲高

從地表算起到雲底的高度稱為「雲高」。氣象觀測經常會利用高度已知的山脈或建築物作為基準，以三角測量法測定高度，並以一百公尺為單位作成紀錄。在確實無法得知雲高的時候，可以「不明」二字紀錄。

↑ 天空經常同時存在好幾屬雲。這幅照片裡面就有：卷雲、卷積雲、高積雲。

日本的天氣

日本地處溫帶地區，四季分明。各個季節的氣候在一年之中各有一段大致固定的時段。

春天

春天是介於北方冷氣團吹來的冬季季風與南方溫氣團吹來的夏季季風交替的季節。春季期間低氣壓與高氣壓由西方交替來訪，所以天氣會出現周期性的變化。

梅雨

北方冷氣團與南方暖氣團在日本附近交會，梅雨鋒面滯留在南方海上，因此除了北海道以外的日本都會出現連續多日的雨天。

夏天

滯留鋒面受南方暖氣團推擠而北上覆蓋日本列島，夏季季風自南方吹來。雖然氣溫高，晴朗日多，但由於積雨雲發達，午後雷陣雨頻繁。

秋霖

隨著南方氣團的撤退，過去北上的鋒面再次南下，因此多陰雨的日子會再持續下去。

秋天

來自西方的高氣壓與低氣壓交替來訪，天氣會出現周期性的變化。

碧空（快晴）	雲量 1 以下
疏雲（晴）	雲量 2 以上 5 以下
裂雲（多雲）	雲量 6 至 9 以上，上層的雲較多
密雲（陰）	雲量 9 以上，而且中層和下層的雲最多
霾	有煙霧、塵霾、黃沙、煙或灰，不到 1 公里。整片天空煙霧瀰漫
沙塵暴	爆發沙塵暴，能見度不到 1 公里
暴風雪	爆發嚴重的暴風雪，能見度不到 1 公里
霧	發生霧或冰霧，能見度不到 1 公里
霧雨	下霧雨
雨	下雨
霙	雨雪雜降
雪	下雪、霧雪、細冰
霰	下雪霰、冰霰、凍雨
雹	下雹
雷	發生雷電或雷鳴

↑ 氣象局常用氣象術語。氣象局在觀測氣象時，一般會將天氣狀況分成上述 15 種。

冬天

大陸冷氣團的勢力向外擴張覆蓋日本列島，氣溫下降，冬季季風自北方吹來。沿日本海一帶經常出現陰天或下雪；沿太平洋一帶則多晴天。

天氣

「今天是晴天」、「後天是雨天」等說法，是在形容某個時刻或二、三天之內的大氣狀態。時間範圍涵蓋數天到三個月左右的大氣狀態稱為「氣候」。氣象局會將天氣分成上表所述的種類作為氣象報告。

↑ 春：在二十四節氣中，從立春到立夏之前屬於
　春天。在氣候上，大約是三月到五月之間。

↑ 夏：在二十四節氣中，從立夏到立秋之前屬於
　夏天。在氣候上，大約是六月到八月之間。

↑ 秋：在二十四節氣中，從立秋到立冬之前屬於
　秋天。在氣候上，大約是九月到十一月之間。

↑ 冬：在二十四節氣中，從立冬到立春之前屬於
　冬天。在氣候上，大約是十二月到二月之間。

二十四節氣

　　中國用來區分季節段落的曆法，又稱為「二十四氣」或「節氣」。二十四節氣是日常習慣使用農曆的中國，為了修正農曆與自然季節的誤差而加入國曆要素所形成的曆法，成立在距今二千數百年以前。二十四節氣由十二節氣與十二中氣交替組成，節氣名稱源自該時期的氣象或自然現象，如「雨水」、「驚蟄」等。

　　現在，二十四節氣的日期是依太陽運行為基準而訂定的；以立春時太陽在黃道（太陽運行的軌道。太陽一年繞行黃道一周）上的位置為黃經零度，將黃道分為二十四等份，在太陽通過黃道時設立節氣或中氣。

　　由於二十四節氣名稱所表述的是中國黃河流域的氣候，所以多少會和日本的實際氣候有所出入。不過，由於二十四節氣被日本視為決定使用何句季節語的季節基準，所以二十四節氣在日本也是大家都很熟悉的一套曆法。

　　註：臺灣地處亞熱帶，所以若干節氣名稱也是與實際氣候不相符的，如「霜降」、「大雪」、「小雪」等。

1

雲

天空裡面存在著形狀各式各樣的雲。只要能了解雲的本質，無論哪種雲都會是非常有趣的雲。要分辨雲的形狀或種類並不難。本篇將以氣象觀測會使用到的十屬雲為中心，將分類詳細的雲的基本型態介紹給各位。

↑形如綻開來的線或毛屑般的卷雲散布在秋季的天空中。卷雲形如絲線、羽毛，雲絲之間隔著間隙，是十屬雲中形狀最容易辨別的雲。

卷雲 Cirrus Ci

　　飄散在青天中的白色卷雲最能讓人感受到秋天來訪的腳步。夏天厚重的雲已從天際離去，換來卷雲頻繁露臉，天空巧心藉由雲的流轉，搶先陸地一步宣告季節變化的訊息。

　　事實上，卷雲終年可見，只是在春秋兩季出現得特別頻繁而已。

　　①卷雲是十屬雲裡面，高度最高的雲。④卷雲擁有絹絲般的光澤，是色澤最白的雲。②俗稱條雲，學名

Cirrus 也同樣擁有捲毛的意思。卷雲形如其名，呈纖維狀，擁有如同被毛刷順過一般的外觀。卷雲有筆直、彎曲、先端帶鉤等多種類型，也經常出現有如糾結的毛線球或碎布條之類的形狀。⑤卷雲遮蔽太陽時可能形成日暈（請參閱 P.204）。不過由於卷雲並非結構細密的雲，所以它所形成的日暈會間間斷斷的。即使卷雲布滿了整面天空，天空也不可能會下雨。但是

卷雲是比颱風或強烈低氣壓先一步入侵天空的雲。濃密的卷雲或各種卷雲在天空廣泛漫布開來是高空水分增加的證據。如果天空在卷雲之後又有各種雲相繼入侵，那麼天空就有可能會下雨。

十雲屬

① 高度　高空（5～13公里）
② 形狀　呈絲縷狀散開
③ 厚度　一般較薄
④ 顏色　多為白色
⑤ 雲滴　冰晶
⑥ 備註　俗稱條雲

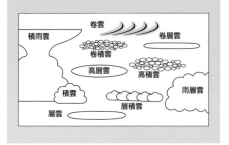

↑ 兩層直條條的卷雲出現在高度稍有不同的兩層天空中。上下層的風向應該是不一樣的。

↑ 直條前緣彎曲、起毛，形狀類似逗點般的卷雲。這是天氣變壞之前常見的雲形。

↑ 從一團雲絮中伸出一條尾巴來的卷雲。這種形狀的卷雲很難和飄浮在相同高度的卷積雲作區別。

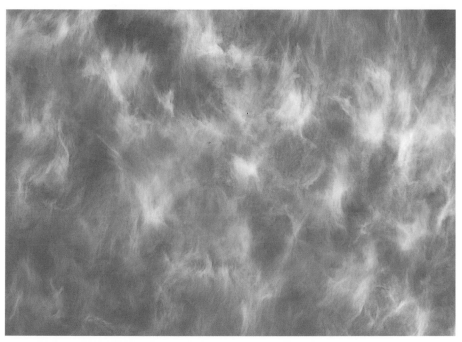

↑ 像是被高空中的風搓揉過，雲絲糾結如線頭般的卷雲。它的形狀時時刻刻都有變化。

↑ 巨大積雨雲的上方受風吹拂，形成濃密的卷雲。積雨雲是夏季傍晚常見的雲。

↑ 非常濃密的卷雲。一般卷雲結構稀薄，呈白色，但偶爾也可見到濃到足以遮蔽太陽般的超厚卷雲。

↑ 直條卷雲和鉤狀卷雲在天空中共譜出一幅鵬鳥展翅的圖象。

↑ 從嚴重扭曲的卷雲來看，高空中的風向想必非常混亂。或許再過一陣子，這卷雲就會變身成卷層雲了。

↑ 出現在北方大地的濃密卷雲，伸長了鉤爪向外擴展它的勢力範圍。

↑ 高空溼潤的空氣一口氣醞釀出右邊天空的卷雲和左邊天空的泡泡卷積雲這兩條外觀截然不同的雲帶。

↑ 輻射狀散開來的卷雲。腳程比其他雲快捷的卷雲，總是能搶得在藍天飄浮的機會。

↑ 各式各樣的卷雲在天氣變壞以前搶先來到了這片天空。照片中呈輻射狀擴散的卷雲，因為形狀酷似羽毛，因此又有「羽雲」的別稱。遠一點的天空還有脊椎狀卷雲。這片天空終究還是被厚雲給籠罩了。

↑ 卷雲上披掛著一幢帆狀卷層雲。冰晶形成的雲滴反射著夕日光芒，散發出絹絲般的光澤。

↑ 向晚的卷雲被夕日染上了五彩漸層顏色。最先上的顏色是黃色，再來是粉紅色、紅色與灰色。日出
　時的漸層上色順序則會倒反過來。

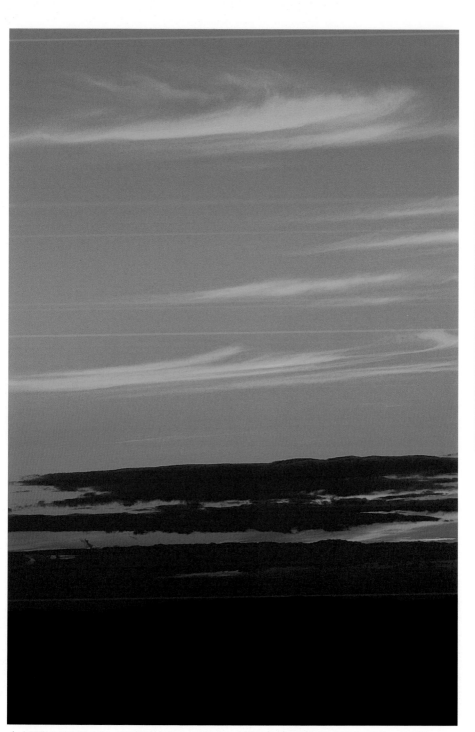

↑太陽沒入地平線之下，低空的雲已經失去了色彩，剩下高空的雲還為天空保留下最後一抹彩妝。

↑讓天空被泡泡堆滿的卷積雲。卷積雲的生命週期極短。高空中強風一吹,卷積雲們不是被吹皺擠在一起,就是被吹平成輕薄的雲幔,不消多久就會走樣變形了。

卷積雲 Cirrocumulus Cc

彷彿給青天鋪滿白色小石子般的美麗雲朵正是卷積雲。這些小石子雲是冰晶雲滴所組成的。卷積雲能將太陽光完全反射出去,因而能得來一身的潔白無蔭。①由於卷積雲形成於距離陸面非常遠的高空,所以它的雲朵看起來非常小巧。②小巧的雲朵群集在一起,經常形成魚鱗、波紋或鏡片模樣。

比起其他雲,卷積雲出現的機會非常少。因為卷積雲往往出現沒多久就會變了模樣,變成纖維狀卷雲或帆狀卷層雲。不過,當然也會有由卷雲或卷層雲變成卷積雲的例子。

卷積雲經常可以帶來暈(P.204)、華(P.214)或彩雲(P.210)之類大氣中的光學現象。

最容易和卷積雲混淆難辨的雲,是同樣群集眾多小巧潔白雲朵的高積雲。如果各位被這兩屬雲給迷惑了,

可以伸出手臂，豎起小指比對雲朵的
大小。位於地平線上 30 度角以上，寬
幅小於小指（若以角度來測是 1～5
度角）的是卷積雲；寬幅大於小指（1～
5 度）的就是高積雲。

　　卷積雲雖然不會造成降雨，但是
它經常在颱風前這類天氣變化劇烈的
天候下現身，所以也算是一種預告壞
天氣將至的雲。自古以來，漁民總是
以戰戰兢兢的心情看待卷積雲。

十雲屬	
①高度	高空（5～13公里）
②形狀	細碎雲朵成群漫布在空中
③厚度	薄
④顏色	白色、沒有暗影
⑤雲滴	冰晶
⑥備註	俗稱魚鱗雲、青花魚雲、沙丁魚雲

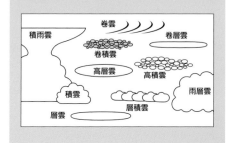

33

↑ 被穿了幾個大洞的卷積雲。那些大洞是冰晶在落下途中被蒸發掉所空出來的洞。

↑ 以清楚的輪廓現身在藍天中的卷積雲。盯著它們看一會兒，你會發現它們其實正躡手躡腳地在偷偷改變模樣呢！

↑ 薄薄的卷積雲中出現了幾個蜂窩狀的小孔洞。照片下方是高積雲。

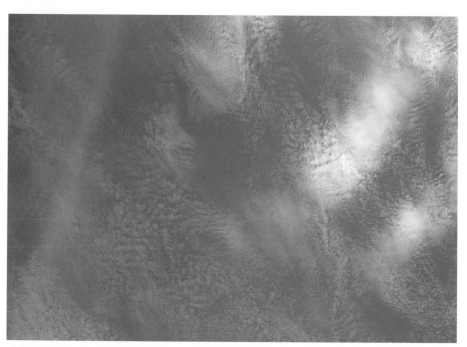

↑ 這片卷積雲到處見得到被風吹融在一起，或被風吹出波紋的部分。

↑ 波瀾壯闊的輻射狀卷積雲。積成這般的厚度，正是它隆重宣告馬上就要降雨的形式。

↑ 純白如絮的卷積雲。觀察久一點即可發現，原來是風把雲朵們吹得緊偎在一起的。

↑ 無數小雲朵聚集在一起的片狀卷積雲。這些卷積雲上布滿了波紋。

37

↑ 被夕日映照得白閃閃的卷積雲。飄浮在低雲之上的卷積雲和卷雲,總是要到最後才會被染上色彩。卷
積雲的冰晶在夕空中散發出絲絹般耀眼的光芒。

↑ 對面地形的陰影打在薄卷積雲上，景象詭譎如魅。前方黑色雲塊是濃積雲。

↑ 雲滴在滑落後又被風吹散，使得卷積雲變成了朦朧的旛狀雲。

↑ 在相同高度上蜿蜒的卷積雲帶被餘暉染上了色彩。

↑透明如絲的卷層雲遮蔽了太陽，形成圓虹般的日暈。這景象是高層雲無法辦到的，是辨識卷層雲的重要線索。

卷層雲 Cirrostratus Cs

天空中的雲若有似無，整片天空白茫茫的──能讓天空變成這樣的雲，就是那質感輕薄的卷層雲吧！當感覺不出雲的存在，卻發現太陽或月亮的周邊圍著一圈光暈（P.204）時，別懷疑，就是卷層雲在從中作梗。

②卷層雲宛如一幢高高揭舉在高空的白色帷幔，外觀光滑平順，但有時也會出現細緻的纖維。卷層雲有時會全面性地籠罩整片天空，有時僅會占據天空的某幾部分。帷幔的邊緣輪廓時而模糊，時而明顯。當附近出現卷雲時，卷層雲的邊緣就很有可能被裂解成絲縷狀。

③一如它的俗稱──薄雲，絕大多數卷層雲都非常薄。厚重的卷層雲很難和更下層天空的高層雲作區分，唯一可以明確辨別兩者的線索是：卷層雲無法遮蔽太陽光。因此，儘管卷層雲布滿了整片天空，白天的地面還

是可以見得到影子。

　　如果天空只出現卷層雲，是不需要擔心天會下雨的；但是如果卷層雲從西方地平線漫上來，而且雲厚不斷在增加，就是天氣即將變壞的徵兆。當卷層雲高漸漸降低，光量也消失了之後，卷層雲就會變成高層雲。

十雲屬

①高度　高空（5～13公里）
②形狀　如一大面薄幔攤在天空上
③厚度　薄
④顏色　多為白色
⑤雲滴　冰晶
⑥備註　俗稱薄雲

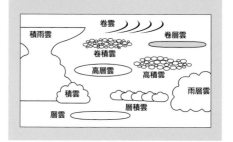

↑ 在整片天空漫開來的卷層雲，薄到幾乎無法用相機拍攝下來。下方雲帶是高層雲。

↑ 條條細紋讓卷層雲有了虎斑模樣。這種雲又有「注水雲」之稱。

↑ 火紅夕空中的斑紋，是薄到肉眼難辨的卷層雲給夕日染出來的陰影。

↑ 呈輻射狀散開的卷層雲。英國有句古老諺語說：「油漆刷毛現天空，暴風雨隨後就來掃」。諺語中的油漆刷毛，就是指上圖拍攝的雲。這種雲相一向被視為降雨的前兆。

↑青空中，白雲群呈放射狀散開。綿羊雲是高積雲常見的形態之一。雲朵們在風吹拂下聚散離合，緩緩飄移。右下為積雲。

高積雲 Altocumulus Ac

不經意抬頭望天發現無數白雲飄流的景象，總是教人看得出神入迷。

高積雲是非常美麗的雲。②高積雲經常小朵小朵地群集在一塊兒，因而有綿羊雲的俗稱。數條平行並列的長捲軸或修長豆莢、若即若離的一把滾珠也是高積雲的出場形式之一。③高積雲厚落差很大，可以薄透月光，也可以厚遮陽光。

距離太陽很近的高積雲，往往可

以形成類似一小圈彩虹的華（P.214），或身披彩虹色的彩雲（P.210）。

雲朵大小可以作為分辨外觀相似的高積雲、卷積雲和高層雲的線索。伸直手臂、豎起小指，比寬幅小於小指的是卷積雲；接著再豎起三根手指，寬幅不到三根手指寬的是高積雲，超過三根手指寬的就是層積雲。

如果高積雲隙間有藍天顯現，就不必太過擔心下雨的問題。即使還是

有雨滴滴答答地落下或有雪花飄落，
也是短暫即逝。如有雲廣布在高積雲
上方，便是低氣壓接近的前兆。

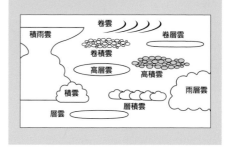

十雲屬

①高度 中層天空（2～7公里）
②形狀 小雲朵成群漫布
③厚度 薄～厚
④顏色 白色～灰色、一般有暗影
⑤雲滴 冰晶或水滴
⑥備註 俗稱綿羊雲或斑點雲

↑ 高積雲擁有千姿百態。照片是長捲軸在天空排開來的高積雲。

↑ 被風吹擠在一起的高積雲。雲與雲緊挨在一起的結果，使得整體雲層愈來愈厚了。

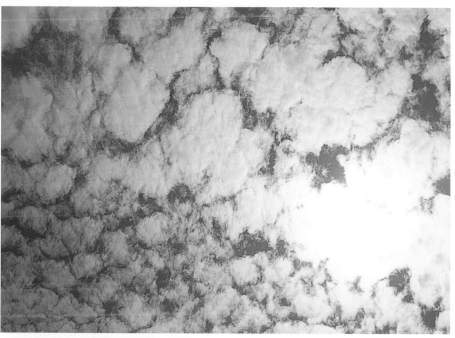

↑ 狀似薄板的高積雲整齊排列在天邊。真好奇它們是怎麼形成這般模樣的。

↑ 高積雲（中央）與卷積雲（左上）。由於所在高度不同，雲朵在人眼中的大小也就有很大的差異。

高空
中空
低空
薄雲
厚雲
纖維結構
群體擴散
單獨飄浮
均勻瀰漫
高聳
其他

↑幾乎要將太陽完全遮蔽的高積雲——吊雲。吊雲是莢狀雲的一種，經常安安靜靜地懸吊在山的下風處。義大利的西西里島民暱稱吊雲為「風的伯爵夫人」。

↑ 纖細修長的莢狀高積雲。因為狀似豆莢，又有「豆莢雲」之稱。

↑ 這也是莢狀高積雲。因為形如鳥翼，又有「翼雲」之稱。

↑ 高積雲帶伸展於雲海之上。這條雲帶在雲海下方看是看不見的。

↑ 莢狀高積雲羅列於天際。山區的莢狀雲總是向登山者們預告著天氣即將轉壞的訊息。

↑ 高積雲蔽日，形成一圈繞著太陽的華，以及散發淡粉紅色和綠色光芒的彩雲。

↑ 高積雲上層隆起受光照成粉紅色的部分，像極了一條條拉直排開的昆布。

↑ 餘光照耀的部分才被染得紅通通的，呈現出和白天完全不同的風情。

↑ 被陽光暈染得唯美迷人的高積雲。鮮豔且微妙的漸層色彩，是高度條件夠好的高積雲所獨有的。當高積雲之上的雲被染色時，太陽已經因為位置過低，只能投射給雲非常微弱的光線；當低雲被染色時，太陽卻因為位置過高而過於明亮。

中空

低空

薄雲

厚雲

纖維結構

群體擴散

單獨飄浮

均勻瀰漫

高聳

其他

↑ 高層雲在春季的夕空中薄薄地漫開來。太陽因它遮蔽而朦朧。朧雲是高層雲的俗稱。高層雲薄遮月亮即是一幅月影朦朧的美麗夜景。高層雲是一種春季印象強烈的雲。

高層雲 Altostratus As

雲高而天陰的天空,肯定是高層雲的傑作。高層雲漫布天空會使得藍天消退、日光朦朧,讓人感覺不出日照,也讓地面的影子匿跡。

②高層雲有如流瀉在畫布上的大片薄墨。③雖然淡薄,但是已經足以讓太陽有如被擋在一道毛玻璃之後的朦朧。要是雲再厚一點,太陽可能就會完全被它掩蔽。高層雲偶爾也會出現直條或波浪紋路。

在上下層天空出現的卷層雲、層雲,和高層雲,同樣都是均勻漫布性質的雲,較難辨別彼此。暈的有無是辨別高層雲和卷層雲的線索,因為高層雲無法形成暈(P.204)。雲層之後太陽的顯現方式則是辨別高層雲和層雲的線索——讓太陽看起來灰濛濛的就是高層雲;讓太陽看起來偏白色的就是層雲。

由高層雲所降下的雨或雪,恐怕

會持續上好一陣子。若是高層雲的下方有破片雲飄過，且雲層愈來愈陰暗，那麼雨勢可能就會綿延不絕，不知何時方休。雖然高層雲經常讓人聯想到壞天氣，但有時也會出現在天氣好轉中的天空。

十雲屬

①高度　主要分布在中層天空（2～7公里）
②形狀　如帷幔般大攤開來
③厚度　薄～厚
④顏色　灰色～薄墨色
⑤雲滴　冰晶或水滴
⑥備註　俗稱朧雲

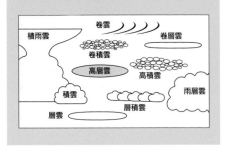

↑ 宛如透過毛玻璃發光般的太陽。除了朧雲之外，高層雲另有陰雲的俗稱。

↑ 高層雲的下方開始有破片雲在飄。雲層下方逐漸潮溼了起來。再過不久，雨就會降下來了吧。

↑ 厚厚的高層雲籠罩了天空。這高層雲底平滑、鮮少皺褶。好像現在就有雨滴落一般。

↑ 停雨後的高層雲。從雲隙間可以看到太陽的光芒。雲下方還有雨幡（幡狀雲，P.144）殘留。

63

↑輻射狀高層雲。卷層雲會隨厚度降低雲高，漸漸演變成高層雲。

↑高層雲有時可以從厚度增加、雲朵聚集的高積雲演變而來。

↑ 整面都被染成橙橘色澤的天空。高層雲鮮少皺紋，染起色來顏色均勻一致。

↑ 模樣有如大浪翻騰的高層雲。這浪是越過山脈的風在雲下方用力拍打出來的吧。

↑ 太陽從濃厚的高層雲隙中露出臉來。在上下雲層攜手阻隔之下，圓臉太陽卻成了方臉太陽。傾瀉而出的陽光將雲隙周圍染成火紅顏色。高層雲也經常以二至三層的雲層鋪蓋天空。

↑ 會使天空降雨的雨層雲。左半天空雲底鬍鬚糊糊的部分正是雨勢所在。如果這塊雨層雲之下剛好有棟摩天樓，那麼摩天樓頂很有可能會往下降低了一大階的雨層雲底給包圍住。

雨層雲 Nimbostratus Ns

　　白晝陰沉晦暗、天空降雨是雨層雲的傑作。雨層雲通常會籠罩全天。雖然雨層雲帶來的是安靜的濛濛細雨，但由於它所蘊含的雨量豐沛，因此雨勢持續而長久。①雨層雲並不會突然出現，它通常是由陰沉沉的高層雲不斷增厚演變而來。而且通常下方要有破片雲（P.148）飛過時，才會開始下起雨來。②降雨後的雨層雲底會逐漸模糊暈開。

十雲屬

① 高度　雲底位於低空（地面附近～2公里高）
② 形狀　非常濃厚，雄踞一方
③ 厚度　厚
④ 顏色　雲底呈暗灰色
⑤ 雲滴　冰晶或水滴
⑥ 備註　俗稱雨雲、雪雲

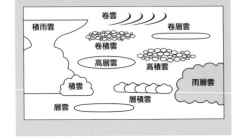

高空
中空
低空
薄雲
厚雲
纖維結構
群體擴散
單獨飄浮
均勻瀰漫
高聳
其他

↑ 雨層雲底下經常有破片雲飛過。破片雲會一邊飄移一邊改變形狀。

↑ 如果雨層雲下方的破片雲不斷增加且互相結合，最後會完全遮擋雨層雲底，並隨即帶來降雨。當雨層雲範圍擴大後，別說在它上方的其他雲層了，就連日月都別想有露臉的機會。

↑ 這雨層雲底輪廓已經模糊綻開，看來馬上就要降雨了。這樣的雨層雲底看起來很容易被破片雲所纏附。

↑ 雨層雲底一般呈不規則狀，但這片雨層雲的雲底卻擁有少見規則波紋。

↑ 這裡的雨勢終於接近尾聲；各區的雨層雲已經明顯變薄，色調也明亮了許多。不過，遠方雨層雲之下地區的雨勢才正在旺而已呢！

↑ 雨勢停歇之後的雨層雲。這片雨層雲終將被強風吹散而消匿形跡。

↑ 層積雲恰似擁有團團隆起的積雲和水平擴張的層狀雲的結合體。有時它只是輕輕淡淡地地飄過天空，有時卻是濃重地襲捲全天，有時也會讓雲隙洩漏一小塊藍天，變化多端。

層積雲 Stratocumulus Sc

一年中最頻繁可見的就是層積雲。出現在低空的層積雲，俗稱陰雲。它的姿態萬千，雲色從白色到灰色，雲塊分布從緊挨到疏離模式都有。如果分不清楚眼前的雲是什麼雲，那麼隨便猜個層積雲，十之八九都可以猜對。

②層積雲形態多樣。形狀從薄片、圓球到馬賽克拼貼狀都有；排列規則可以是整齊的稜格紋或波紋，也

可以如碎棉花絮般毫無章法。③雲厚則從輕薄能透日光到濃密阻斷日光程度。

①由於層積雲屬於低雲，因此登山時是有機會從它的雲頂穿出的。在眼底下天空中大範圍漫開的層積雲，就是我們所欣賞的雲海。和層積雲難分難辨的雲是同為雲朵雲集的高積雲。不過由於層積雲出現的位置較高積雲低，所以雲朵看起來會比較大，

視幅約大於 5 度（P.48）。

　　層積雲雖然也有可能造成降雨，但即使造成降雨，雨勢也很弱，很快就會停雨了。逐漸增厚的層積雲是天氣變壞的徵兆。相反的，當層積雲逐漸向上飄升時，天氣就會逐漸好轉。

十雲屬

①高度 低空（地面附近～2 公里高）
②形狀 雲朵成群散開
③厚度 輕～厚
④顏色 白色～灰色，普遍帶有暗影
⑤雲滴 一般為冰晶
⑥備註 俗陰雲、田埂雲

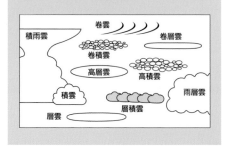

75

↑ 數千道光芒從層積雲中傾瀉而下。歐洲人將它視為懸掛在天地之間，供天使下凡使用的「階梯」。

↑ 這是一幅由數條層積雲的粗雲軸規則排列而成，景象壯闊大器的「田埂雲」景。

↑ 陰沉籠罩的層積雲。層積雲有時也會以不規則形狀現身。

↑ 出現在濃積雲旁的捲軸狀層積雲。

↑ 大塊層積雲飄過已近日暮時分的山谷。雲隙間有藍天探出，有陽光灑落。往低空飄移而去的雲，細部輪廓清楚可見，好像伸手就可觸及一般。

↑ 形如薄板的層積雲在藍天中伸展開來。這片層積雲的雲頂平緩，應該不必擔心下雨。

↑ 白天的積雲到了傍晚就停止繼續向上發展，轉往側邊飄移後，就形成了眼前所見的層積雲景象。

↑ 形如棉絮的層積雲。層積雲位於低空，不但不易被染上顏色，顏色消退得也快。

↑ 上下兩條稍往不同高度延伸的層積雲。連最邊緣的條紋也清楚可見。

↑ 在眼底邊漫開的層積雲雲海。飄浮在上方的高積雲因為搶先浴得日光而散發出潔白的光芒。

↑ 雲海隨太陽高昇而湧起如拍岸波濤。

↑ 從山頂俯瞰下來的雲海。就種類而言，以層積雲居多。沐浴在朝日之下的雲海，以動物呼息般的悠
　緩節奏，緩緩掀起雲波。

↑ 繚繞於山坡面的層雲。籠罩天空的厚雲下降到幾乎要貼近地表的程度。這種雲可以整天在山中繚繞，久久不散，是一種象徵晴天無望的雲。

層雲 Stratus St

　　層雲是在最低空繚繞的雲。①層雲有時會籠罩在小高丘或高樓上方。②顏色灰白，乍看之下彷彿是橫攤在地表一般，似霧非霧，但底不觸地的就是層雲。

　　層雲常見於氣溫下降的早晨，尤其是山間，幾乎每天早晨都可見到它的蹤跡。清晨的層雲通常隨著豔陽昇起而消逝；白天的層雲則多出現於藍天之中。日本有句俗諺說：「霧氣沿坡繞升即好天」，裡頭所指的霧氣其實就是層雲。③層雲遠觀看似濃密，但實地走入雲中觀望太陽，就可由太陽輪廓的清晰程度知道它有多薄了。

　　不過有時層雲也會在壞天氣中，以破片雲的型態飛越即將降雨的厚雲下方。以破片雲型態出現的層雲，會一邊快速變形一邊飄飛，有時數量還會多到掩蔽上方雲層的程度。

　　不過即使層雲降雨，也只會降下

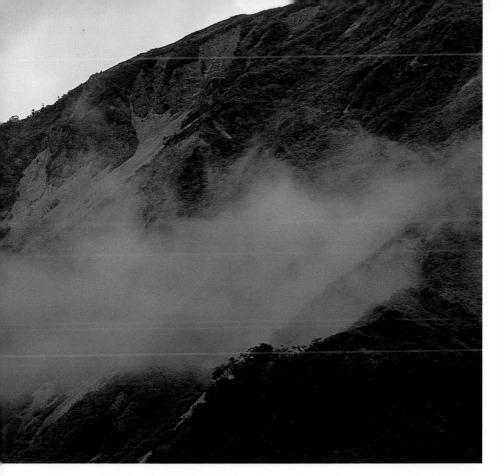

沾溼地面程度的毛雨而已。⑤嚴寒地帶的層雲雲滴會凍結成冰，形成夢幻唯美的鑽石塵（diamond dust）景象，而且還有可能同時再形成光暈（P.204）呢！

註：任何自層雲降達地面的降水，均稱之為毛雨。

十雲屬

①高度　低空（地面附近～2公里高）
②形狀　以均勻的霧狀擴散開來
③厚度　薄～厚
④顏色　灰白色～暗灰色，普遍帶有暗影
⑤雲滴　一般為水滴
⑥備註　俗霧雲

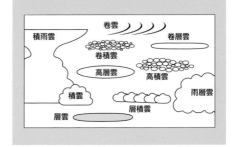

↑ 輕輕繚繞於空的層雲。擁有相同的雲底，雲底稍離地面是層雲的特徵。

↑ 層雲受風吹拂而緩緩飄移。被這層雲包圍，會有如置身迷霧的感受。

↑ 從層雲中仰觀太陽。周遭景象有如霧中看物，色調灰暗，但太陽的輪廓依然清晰可見。

↑ 飛越雨層雲下方的層雲。這種景象多半發生於厚雲下方的水氣變重時，而且此種情況下的層雲還會一邊變形一邊飛移。

↑ 夏日的黎明時分，晨霧升起成層雲繚繞於低空。平順散開的層雲，是預告天晴，性情溫和的雲。在旭日高昇、陽光普照之後，它就會消失得無影無蹤了。

↑ 在山間飄蕩的小積雲。棉花糖、饅頭、高麗菜、花椰菜……等都是形容積雲形狀的名詞。潔白的、一團一團的積雲，無論變化成什麼形狀都很好辨認。

積雲 Cumulus Cu

　　雪白的綿雲和高聳如山的巨怪雲都是積雲的一種。積雲總是出現在蔚藍晴空之中。②雲底平坦，輪廓清楚，上方有圓頂狀隆起。雖然積雲是極容易讓人與夏天聯想在一起的雲，但它其實是終年可見的雲。

　　積雲普遍出現在晴朗的上午。當受到太陽曝晒的地面或海面熱氣抬升上方溼潤空氣時，形狀小巧而平坦的積雲便孕育而生。當氣溫上升，溼潤

空氣繼續向上飄升後，原本平坦的積雲便開始冒出一團一團的隆起結構，並飄抵一般積雲的所在高度。積雲有時會在這過程中發展成濃積雲或積雨雲，但最後都還是會隨著太陽下山而逐漸萎縮。

　　會造成降雨的積雲，是積雲屬中體型最碩大的濃積雲。濃積雲擁有團團隆起的雲頂，形體十分巨大，只有遠觀才能欣賞到它的全貌，而且它所

帶來的雨會是傾盆大雨。一般而言，濃積雲以外的其他積雲並不會造成降雨；但如果是在登山場合，就有可能因爲它的出現而被雨淋。

　　飛越降雨厚雲之下的破片雲，是積雲另一種形態。當這種破片形態的積雲開始在天空飄飛時，雨很快就會降下來了。

十雲屬
①高度　雲底位於低空（地面附近～２公里高）
②形狀　雲體擁有團團隆起結構；雲朵各自飄散或成排羅列在空中
③厚度　薄～厚
④顏色　白色～灰白色。雲底晦暗
⑤雲滴　冰晶或水滴
⑥備註　俗綿雲、堆雲、巨怪雲

積雨雲　卷雲　卷層雲　卷積雲　高層雲　高積雲　雨層雲　積雲　層積雲　層雲

↑輪廓模糊，尚屬幼齡階段的積雲。孫悟空搭乘的筋斗雲，是不是就是這種雲？

↑成熟的積雲會在雲頂形成一團一團輪廓明顯的隆起，而且雲底也會變得平坦。

↑積雲在向上飄升的過程中，會與鄰近的雲合併相連，形成壯觀的「雲峰」（P.256）。

↑ 一邊迴旋，一邊豎起細長雲絲的積雲。雲頂結構還很破碎。

↑ 被風吹得細碎飄散的碎積雲在空中一邊變形一邊飄移。

↑ 像花椰菜般擁有無數隆起的濃積雲。即使是這樣碩大的雲，也是從小小雲朵逐漸發展而來的。

↑ 被夕日染紅的濃積雲。太陽雖然已經沒入地平線之下，但餘暉仍照得它有如正在熊熊燃燒一般。濃積雲很快就會被從下方投射上來的落日餘暉染上色彩，而且即便是在日落之後，它都還會一直飄浮在天色已黑的天空中。

高空
中空
低空
薄雲
厚雲
纖維結構
群體擴散
單獨飄浮
均勻瀰漫
高聳
其他

↑ 受到山谷間強大上升氣流影響而豎起的雲。這是出現於山區的積雲。

↑ 逐漸消逝中的積雲。積雲會暫時保留雲頂和雲底，從中央開始消失。

↑ 濃積雲底下有一條促進積雲發展的補水道，這條隱形的補水道稱為「雲根」。

↑ 背著蝸牛殼狀隆起的積雲。我們無法預料積雲會在什麼時候變成什麼形狀。

↑ 破碎的碎積雲像在藍天裡翩翩起舞的蝴蝶。別被這朗朗晴空給騙了，其實空中的風勁可強的呢！

高空
中空
低空
薄雲
厚雲
纖維結構
群體擴散
單獨飄浮
均勻瀰漫
高聳
其他

↑ 飛越高層雲下方的破片雲。在天氣變壞時出現的飛天「黑豬」，應該就是在說這種雲吧！

↑ 破片雲通常出現在潮溼的低空。圖片中的雲看起來很像被風吹弄得破爛不堪的破布。

↑ 會造成降雪的濃積雲。會為冬季的沿日本海地區攜來大雪的雲，是飽吸日本海水氣、結構發達，在來自西伯利亞的北風催生下形成的濃積雲或積雨雲。冬季濃積雲的個子通常較矮小。

↑部分雲峰已經有積雨雲的樣貌。這片上層結構廣闊延伸的鐵砧雲垂著怪異的乳狀雲，再也沒有其他一種雲可以比積雨雲更巨大，而且即使從遠處觀看，一樣無損它巨大的形象。

積雨雲 Cumulonimbus Cb

天空裡恐怕沒有比積雨雲更可怕的雲了吧！閃電與隨之在後的雷鳴，以及像是被一陣突如其來的強風搧動出來的暴風雨都是它的傑作。還有，盛夏時節的午後雷陣雨也是來自積雨雲。

積雨雲由巨大的濃積雲發展而來。①底雲位於距離地面2公里左右的低空，雲頂則可以發展到10公里以上的高空上。積雨雲底平坦晦暗，水

平分布範圍可達10公里之廣。②形體巨大非凡，必須遠觀才可欣賞到的全貌。

積雨雲的生命週期相當短暫。形狀如花椰菜的濃積雲頂隆起如平整了之後就會變成積雨雲。初期階段的積雨雲被稱為禿積雨雲（P.128），雲頂隆起輪廓開始變模糊。接下來，雲頂部位會出現雲絲，變成砧狀或牽牛花狀的髮狀積雨雲。到了日暮時分，大

地熱能趨弱之後，它就會從中間部位開始消失，殘留下來的上層結構則演變成卷雲，下層則演變成高積雲或層積雲等雲。

　　堪稱為盛夏代名詞的積雨雲，卻經常出現於冬季的沿日本海地區，和濃積雲一起帶來大雪，也是讓五、六月的天空降下大冰雹的元兇。連宣告梅雨將停的雷鳴，也是出自積雨雲之手呢！

十雲屬

①高度　雲底位於低空（地面附近～2公里高）
②形狀　非常巨大、高聳
③厚度　厚
④顏色　受光部分呈白色；雲底晦暗
⑤雲滴　冰晶或水滴
⑥備註　俗雷雲、鐵砧雲

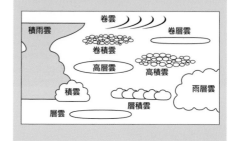

↑ 原本清晰的濃積雲輪廓已經愈來愈模糊了。濃積雲在彈指之間就能變身成積雨雲，其過程很難讓人清楚看個究竟。

↑ 剛剛形成的禿積雨雲。它的雲頂因為已經頂到天空的天花板（對流層頂）而停止繼續上升，並被迫被整平。

↑ 太陽已沒入地平面之下，大地一片灰暗，只剩下高聳的禿雲雲頂在餘暉照耀下還亮著。

↑ 髮狀積雨雲。看得出來它已經是朵結構發達的積雨雲了。積雨雲的上半部由冰晶組成。雲體上半部像發毛一般地擴散開來就可以形成髮狀雲。髮狀雲下風雨雷電現象激烈。本照片為髮狀雲的全盛期模樣。

↑ 頂部蓬亂，開始呈髮狀散開的積雨雲。雲頂已可見雲絲。

↑ 髮狀積雨雲。遭受強風吹襲的砧狀雲頂，模樣很像被風吹得往下風處延伸的火焰。

高空

中空

低空

薄雲

厚雲

纖維結構

群體擴散

單獨飄浮

均勻瀰漫

高聳

其他

↑ 宛如頭戴羽毛帽的巨大鬃狀積雨雲。在夕日的渲染下，模樣還挺嚇人的。

↑ 出現在巨大積雨雲四周的各種雲，都是由積雨雲四周紛亂的氣流所製造出來的。

↑ 積雨雲頂上有薄雲覆蓋，好像披了條頭巾，那條頭巾就是「幞狀雲」。

↑ 積雨雲的雲底還在渾沌未明的狀態。雲內的一道閃電，把部分雲體閃得白亮發光。

↑ 數片破片雲翻騰而過即將消逝的積雨雲雲底。背對太陽的殘雲顏色繽紛燦爛。

↑ 發生在某個暑熱夏日裡的積雨雲。雲上晴空萬里，雲下晦暗陰沉。

↑ 積雨雲下正下著傾盆大雨。雨從雲落下形成降雨雲，天空一片煙霧茫茫。

↑ 雖然積雨雲所帶來的暴雨已過，藍天再度顯露，但所降下的雨水卻讓下層天空繼續被籠罩在茫茫煙霧之中。

↑ 陽光從雲隙間灑落放晴的天空，為還在下雨的對面山頭掛上一道彩虹。

↑ 伴隨噴射氣流出現的纖維狀卷雲。

← 畫面中央是纖維狀卷雲。模樣像不像一撮被風揚起的馬尾？

雲類
①所屬雲屬 卷雲、卷層雲
②形狀 多為筆直，或稍帶彎曲絲縷狀
③厚度 薄
④顏色 白色
⑤雲滴 冰晶

纖維狀雲 fibratus fib

　　纖維狀雲是細白如絲縷的雲。①是好像被毛刷刷過的卷雲或紗幔一般的卷層雲經常表現的形態。②雲絲不是直條狀，就是不規則的捲曲狀；先端不帶鉤，也不會蜷曲成圓球狀。不規則捲曲的毛狀雲看起來很像被亂扭過一樣，有時候看起來也會糊糊的。

註：纖維狀雲又稱為毛狀雲。

卷雲

積雨雲　　　　　　　卷層雲

卷積雲

高積雲

高層雲

積雲

層積雲　　雨層雲

層雲

↑從一小球雲珠中拉出長尾巴的鉤狀卷雲。 那條長尾巴應該是被高空強風牽引出來的。

←如釣鉤般先端捲曲的卷雲。這是鉤狀雲最典型的造型。

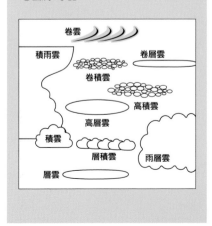

鉤狀雲 nucinus nuc

在絲縷狀的卷雲中，先端像釣鉤那樣倒鉤，或其中一端像逗點那樣糾成圓珠狀的雲稱爲鉤狀雲。②如果先端像一塊圓疙瘩，那就不是鉤狀雲，而是絮狀雲。通常，在先端有倒鉤或小圓珠的雲才是鉤狀雲。當鉤狀雲不但不消失，而且還在天空中飛快移動，就是天氣即將會變壞的徵兆。

雲類

①所屬雲屬 卷雲
②形狀 絲縷狀，先端呈鉤狀或珠狀
③厚度 薄
④顏色 白色
⑤雲滴 冰晶

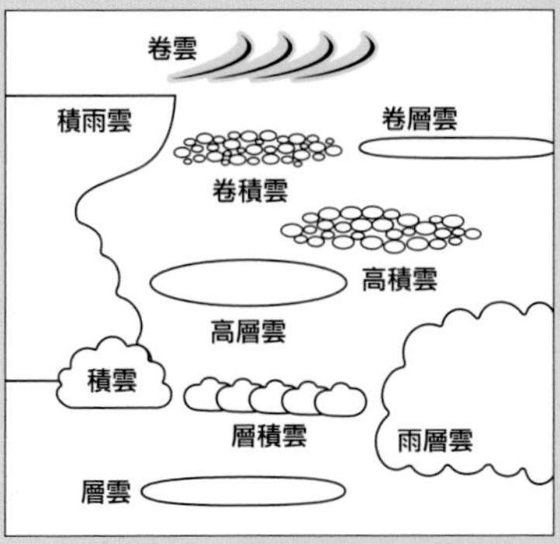

↑閃耀著絲絹光澤密卷雲。中心部位非常濃厚，卷雲所特有的雲絲並不明顯。

密狀雲 spissatus spi

　　密狀雲是卷雲屬中形體較濃密的雲。③密卷雲和一般我們所認識，顏色潔白、形體稀疏的卷雲不同。和太陽同一邊的密卷雲體帶灰色調；有時雲體可以完全遮蔽陽光。②密卷雲看起來就像天邊一塊塊邊緣破鬚鬚的破布。從積雨雲頂開始形成卷雲的現象非常普遍。

雲類
①所屬雲屬　卷雲
②形狀　濃密，邊緣破碎裂
③厚度　薄～厚
④顏色　白色
⑤雲滴　冰晶

卷雲
積雨雲
卷層雲
卷積雲
高層雲
高積雲
積雲
層積雲
雨層雲
層雲

↑ 絮狀高積雲。形狀圓潤，有暗影。

←絮狀卷雲。幡狀雲偶爾會從絮狀雲延伸出來。

絮狀雲 flocus flo

絮狀雲看起來像一朵朵形狀蓬鬆而圓潤的小型積雲。②雲絮下方經常會鬚開。①某些雲屬的絮狀雲會排列出整齊的波紋隊形。有時各自飄散在天空中，有時則在飄移的過程中聚集在一起。

雲類

①所屬雲屬 卷雲、卷積雲、高積雲
②形狀 小棉絮
③厚度 薄
④顏色 白色
⑤雲滴 冰晶或水滴

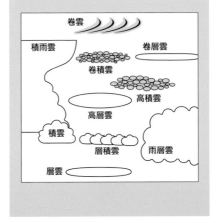

117

↑ 塔狀層積雲。雲頂雲塊自水平向雲體上堆疊而起，有如高塔。

塔狀雲 castellanus cas

　　塔狀雲是雲頂由若干小雲塊堆疊如塔的雲。②雲底平坦，每塊雲頂雲塊都由同一片雲底上堆疊而起。外觀類似瞭望高塔。塔形從側面觀看最為明顯。塔狀雲形成於所在高度中大氣不穩定時。

雲類
①所屬雲屬　卷雲、卷積雲、高積雲、層積雲
②形狀　雲底平坦，雲頂雲塊堆疊似塔
③厚度　薄～厚
④顏色　白色～灰色
⑤雲滴　冰晶或水滴

↑貌似豆莢的莢狀高積雲。「豆莢雲」、「鏡片雲」都是它的別稱。

←這片莢狀高積雲是由數團小雲塊聚集而成的。

雲類
①所屬雲屬 卷積雲、高積雲、層積雲
②形狀 類似豆莢、杏仁形狀，或凸透鏡的縱剖面
③厚度 薄～厚
④顏色 白色～灰色
⑤雲滴 冰晶或水滴

莢狀雲 lenticularis len

　　莢狀雲是地形和風聯手創造出來的雲。它經常懸在山頂上，而且一懸就是好久，是著名壞天氣預告雲。②以輪廓明顯的修長雲形最爲常見。上空風速強勁是莢狀雲的形成要件。而它的出現位置則是在風越過山頭劇烈擾動空氣所造成空氣波動的波峰上。不過，地形並不是莢狀雲形成的必要條件。

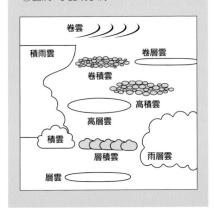

↑層狀高積雲。像是乘坐在同一片透明板上集體飄移的小雲朵們。

層狀雲 stratiformis str

層狀雲是一種朝水平方向擴散的雲。①層狀雲所指並非一大片均勻漫布開來的卷層雲或高層雲，而是由無數雲朵擴散而成的卷積雲、高積雲和層積雲。②層狀雲經常集體擴散形成美麗的圖像。有時也會出現兩層形狀相同，但高度不同的層狀雲相疊在同一片天空的景象。

雲類
①所屬雲屬 卷積雲、高積雲、層積雲
②形狀 水平擴散
③厚度 薄～厚
④顏色 白色～灰色
⑤雲滴 冰晶或水滴

↑ 一捲捲在天空中排列開來的層狀高積雲。平行羅列的雲捲在透視法的作用下呈現出輻射狀的排列規則。

↑ 俗稱陰雲的層積雲。層狀層積雲屬的厚度令人意外地厚。

121

↑ 飄蕩在山谷間的霧狀層雲。晴天裡的層雲會隨太陽上昇而緩緩飄升，終至消失。

霧狀雲 nebulosus neb

　　像霧一般遮翳天空中，模樣朦朧、質地均勻的雲便是霧狀雲。②霧狀雲的輪廓不明，形狀不定，當然很難從它漫布的情形看出什麼特別的圖樣。①霧狀雲即是由看起來霧茫茫的高空薄紗卷層雲，或在低空繚繞的層雲所形成的。

雲類
①所屬雲屬　卷層雲、層雲
②形狀　瀰漫如霧且具有遮蔽效果
③厚度　薄～厚
④顏色　白色或灰白色
⑤雲滴　冰晶或水滴

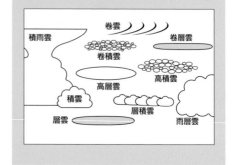

↑碎積雲在風的吹拂之下，一邊變換形狀一邊飄移。

←在壞天氣出現的碎雲在高層雲下方。碎雲出現在籠罩天際的厚雲下方溼度變重時，是壞天氣的預兆。

碎雲 fractus fra

雲形如被撕裂般破碎的雲便是碎雲。①碎雲特指小塊層雲或積雲，除此之外的雲都不能被稱為碎雲。②碎雲大小不一、形狀沒有規則；無法均勻擴散，僅能受風吹拂在低空飄移。④壞天氣時，在厚雲底下翻飛的碎雲又可稱為破片雲，顏色灰暗。

雲類
①所屬雲屬　層雲、積雲
②形狀　破爛、不規則形
③厚度　薄
④顏色　白色～灰白色
⑤雲滴　通常是水滴

↑ 各自飄散在天空中的淡積雲。雲體稍微帶有暗影。

←飄浮在低山周圍的淡雲。如果雲上層的大氣很安定，淡雲就不會再繼續發展下去。

淡雲 humilis hum

淡雲是雲體尚小，雲頂隆起尚未發達的積雲。②淡雲飄蕩在數十公尺到數百公尺之間的藍天之中。有新生積雲之稱，如果繼續朝垂直方向發展，可以發展成中度雲、濃雲或積雨雲。一般不會造成降雨，偶爾才會在山區造成降雨。

雲類
①所屬雲屬　積雲
②形狀　稍帶隆起結構；雲朵各自離散
③厚度　厚
④顏色　白色，多少帶有暗影
⑤雲滴　通常是水滴

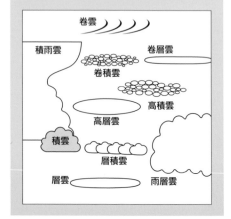

↑貌似花椰菜的中度積雲。雲體中活躍的上升氣流
促進了雲體的垂直發展。

←發展中的中度雲。它還會再繼續發展成各種形
狀,非常有意思。

中度雲 mediocris med

中度雲是發展界於淡雲和濃積雲
之間的積雲。雲高在數百公尺到二千
公尺之間。②雲頂有一團一團輪廓明
顯的隆起。雲底幾近平坦狀態,而且
稍微帶有暗影。一般而言,中度雲並
不會造成降雨;但在山岳地帶或在冬
季的沿日本海地帶,則可能造成降雨
或降雪。

雲類
①所屬雲屬 積雲
②形狀 雲頂有團團隆起;雲朵各自離散
③厚度 厚
④顏色 白色或灰白色
⑤雲滴 通常是水滴

↑ 成群的濃雲（濃積雲）。中度雲在發展過程中會與鄰近的雲結合，形成一堵巨大的雲牆。

濃雲 congestus con

夏空中令人倍感熟悉的巨怪雲便是濃雲，也可直接稱濃雲為濃積雲。①濃雲是積雲垂直發展到最後階段的狀態。②受到太陽光照耀而閃耀白色光芒的雲頂隆起如花椰菜；雲厚可達二至五公里。④雲底大致平坦，顏色黑暗。受到濃雲籠罩的地區有可能降下驟雨或暴雨。

雲類
①所屬雲屬　積雲
②形狀　雲頂有團團隆起；高聳
③厚度　厚
④顏色　受光部分呈白色；雲底黑暗
⑤雲滴　通常是水滴

↑ 盛夏的濃雲發展速度極快，並以極速不斷變換其輪廓。

↑ 雲頂已扁塌下來的禿積雨雲。雲頂尚未發展出雲絲。

禿雲 calvus cal

　　禿雲是雲體上層尚未發展出雲絲
的積雨雲。積雨雲由濃積雲發展而來。
禿雲即濃積雲進入部分花椰菜狀隆起
輪廓開始模糊發暈階段後的雲。就積
雨雲的生命週期來看，禿雲屬於積雲
發展的初期階段。②禿雲的雲頂通常
像頂到天花板（對流層頂）般的扁平。

雲類
①所屬雲屬　積雨雲
②形狀　雲頂團團隆起；雲體高聳；部分雲頂扁平
③厚度　厚
④顏色　受光部分呈白色；雲底黑暗
⑤雲滴　冰晶或水滴

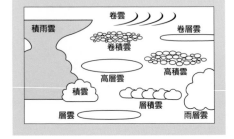

↑ 已經發展成髮狀雲的積雨雲。雲頂已經有明顯的雲絲開始朝四方發散出去。

髮狀雲 capilatus cap

髮狀雲是雲頂發展毛絲狀雲絲結構的積雨雲。②體外形似牽牛花或鍛鐵用的「鐵砧」。⑤當禿雲上層的冰晶擴散開來之後，就會形成如此髮狀。雷響雲中，風雨肆虐雲下，是積雨雲發展過程的全盛時期。

雲類
①所屬雲屬 積雨雲
②形狀 巨大；上層有毛絲狀雲絲
③厚度 厚
④顏色 受光部分呈白色；雲底晦暗
⑤雲滴 冰晶或水滴

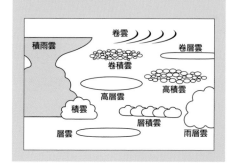

↑可自由變形的雜亂卷雲。出現雜亂卷雲的天空部位，想必正颳著方向和風速都極不穩定的狂風吧！

←大肆侵入藍天的雜亂卷雲。

變型
①所屬雲屬　卷雲、卷層雲
②形狀　多為筆直，或稍帶彎曲的絲縷狀
③厚度　薄
④顏色　白色
⑤雲滴　冰晶

雜亂雲 intortus in

　　絹絲般細膩的卷雲一被高空中狂亂的強風吹襲，就會變得扭曲、糾結。②雜亂雲就是像這樣模樣扭曲糾結的卷雲。雜亂雲的雲形千變萬化，令人久看不厭。形狀模糊或糾結如毛球的部分，有時看起來也會很像斑紋狀的卷積雲。

卷雲
積雨雲
卷層雲
卷積雲
高積雲
高層雲
積雲
層積雲
雨層雲
層雲

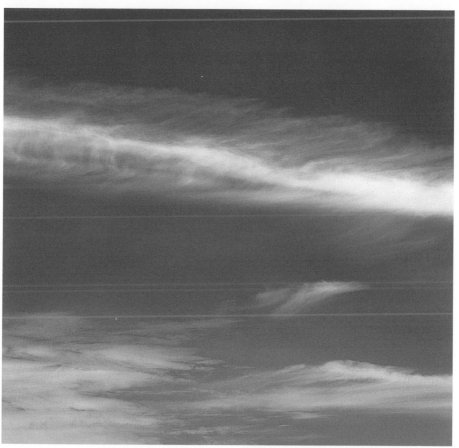

↑ 照片上層是脊椎狀雲。魚脊從上風處垂到下風處。這種雲形是絲狀卷雲或鉤狀卷雲的傑作。

脊椎狀雲 vertebratusve

卷雲的雲絲經常排列成魚骨或肋排的形狀。②以粗直的雲條為中心，向左右垂直伸出細雲絲的雲稱為脊椎狀雲。脊椎狀雲多半於下雨前出現，自古以來即被視為壞天氣的預兆。在雨停後出現的脊椎狀雲很快就會消失，所以如果在雨停後發現脊椎狀雲，是不需擔心再次下雨的問題。

變型
①所屬雲屬 卷雲
②形狀 魚骨形或肋骨形
③厚度 薄
④顏色 白色
⑤雲滴 冰晶

卷雲
積雨雲
卷層雲
卷積雲
高積雲
高層雲
積雲
層積雲
層雲
雨層雲

131

↑ 輻射狀卷雲。在藍天中一邊飄移一邊描白線的卷雲，輻射狀分布的情形非常明顯。

←帶狀相連，看起來就像輻射狀分布，正乘風前進的積雲群。

輻射狀雲 radiatus ra

輻射狀雲，其實是一群平行羅列的雲帶，只是在透視的視覺觀感下，呈現輻射狀的分布狀態。①某些雲屬形成的輻射狀雲會出現波紋或馬賽克圖樣，形成美麗的雲景。不過當雲朵逐漸聚集靠攏之後，這種美麗畫面就會被破壞成烏雲密布的天空，而且天氣狀況也會隨之急轉直下。

變型
①所屬雲屬 卷雲、高積雲、高層雲、 　層積雲、積雲
②形狀 輻射狀擴散
③厚度 薄～厚
④顏色 白色～薄墨色
⑤雲滴 冰晶或水滴

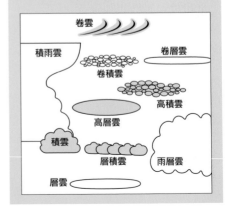

↑ 輻射狀高積雲。雲從彼方天空長瀉而來的景象非常壯觀。

↑ 重疊卷雲。左雲的雲絲已經互相融合在一起，右雲的雲絲結構依然完整。由此差異可知，左右兩雲所受風向應該不同。

← 夕空中的高層雲。當天空中出現上下兩層高層雲時，位於下層的雲會比較早被夕陽染色。

重疊雲 duplicatus du

　　重疊雲一般是由各自占據某層天空，形狀、色彩皆不同的相同雲屬的雲所形成。②仔細觀察應該可以發現，重疊雲層的高度是有些許不同；也就是重疊雲。即使所在高度僅些微之差，也足以造成大氣狀態的差異。重疊雲經常出現在天氣突然發生變化或天氣即將轉壞時。

變型
①所屬雲屬　卷雲、卷層雲、高積雲、高層雲、層積雲
②形狀　雙層雲層
③厚度　薄～厚
④顏色　白色～薄墨色
⑤雲滴　冰晶或水滴

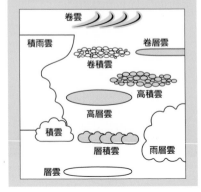

↑ 天空中出現雙層高積雲。由於受光條件不同,下層雲層的顏色是灰色的。

↑ 波狀卷積雲。無數的小雲朵被風吹擠在一塊兒，形成大波紋中還有小波紋的景象。風的手還真是巧妙！

← 會讓空氣波動的風，正是波狀高層雲屬催生者。

變型
①所屬雲屬 卷積雲、卷層雲、高積雲、高層雲、層積雲、層雲
②形狀 波浪狀
③厚度 薄～厚
④顏色 白色～薄墨色
⑤雲滴 冰晶或水滴

波狀雲 undulatus un

　　以波紋形狀漫布空中的雲稱為波狀雲。①波狀雲看起來像是以整齊劃一的形式覆蓋天空或成群擴散的雲。②高空中的波狀雲狀似漣漪，低空中的波狀雲則似大浪起伏。如果是由無數雲朵組成的雲，則原本彼此相離的雲會在聚合的過程中形成波紋，並在持續聚集的過程中演變成一片雲板。

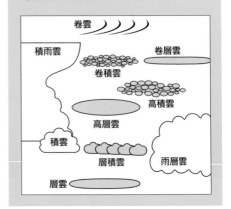

↑ 波紋狀排列的波狀高積雲。雲朵在陽光的渲染下，形成一組顏色變化微妙的色彩組合。

↑ 多孔卷積雲。由白雲框而成的雲穴，造型極像蜜窩。

← 多孔卷積雲。雲穴部分有下沉氣流使雲滴蒸發。

多孔雲 lacunosus la

　　仔細觀察一下能夠透出藍天的薄雲吧！②雲的整體或其中某部分出現數個略圓小洞的雲，稱為多孔雲。多孔雲通常出現在趨於晴朗或已經安定的天氣中，是好天氣的象徵。①飄浮在低空的層積雲出現多孔雲的機率較低。

變型
①所屬雲屬　卷積雲、高積雲、層積雲
②形狀　有數個形狀略稱規則的小洞
③厚度　薄
④顏色　白色
⑤雲滴　冰晶或水滴

↑ 雄踞大片天空的漏光高積雲。藍天在馬賽克拼雲的間隙間若隱若現。

漏光雲 perlucidus pe

　　無數雲朵經過一段時間時聚時散的飄移，終於聚集成群，雄踞大半片天空。①雲隙雖小，但雲與雲之間確實隔著一段間隙而存在的雲即是漏光雲。白天的漏光雲讓人有機會窺見藍天；夜晚漏光雲則讓人有機會窺見星空。有時透過漏光雲的間隙，也可以看見飄浮在它之上的雲。

變型

①所屬雲屬　高積雲、層積雲
②形狀　雲朵之間隔著間隙
③厚度　厚
④顏色　白色～灰色
⑤雲滴　冰晶或水滴

139

↑ 如魚鱗般排列的透光高積雲。即使天空出現透光雲，還是稍微能分辨出日月的位置。

透光雲 translucidus tr

　　天空擁有各種厚薄程度的雲類展示品。①在布滿大片天空的雲中，薄雲占比較多的是透光雲。透光雲的厚度大約是讓太陽或月亮有如被毛玻璃阻隔般光影朦朧的程度。②當透光高積雲遮蔽太陽或月亮，天空就有機會出現彩雲（P.210）。

變型
①所屬雲屬　高積雲、高層雲、層積雲、層雲
②形狀　受遮蔽的太陽或月亮依然朦朧可見
③厚度　薄
④顏色　白色～灰色
⑤雲滴　冰晶或水滴

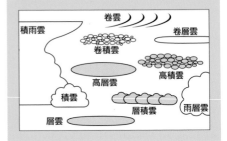

↑蔽光層積雲。層積雲的厚薄落差很大,雲屬成員當然包括透光雲在內。

←陽光從蔽光雲隙間傾瀉而下,光芒乍現。

蔽光雲 opacus op

即使是再耀眼的陽光,也無法直直穿透蔽光雲的雲層。②蔽光雲是散布在空中,能完全阻斷日光或月光的厚雲。①在蔽光雲大量出現的天空中,也能同時存在著透光雲。所以蔽光雲和透光雲,其實是用來區別相同雲屬中不同厚薄程度的雲的說法。

變型
①所屬雲屬 高積雲、高層雲、層積雲、層雲
②形狀 厚度足以完全阻斷日月光芒
③厚度 厚
④顏色 白色～灰色
⑤雲滴 冰晶或水滴

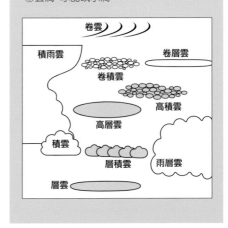

141

↑ 從砧狀積雨雲垂下的乳狀雲氣勢洶洶，讓積雨雲更添駭人氣氛。

←出現於高積雲下的乳狀雲。乳狀雲也會出現在晴天的雲體中。

乳狀雲 mamma mam

　　從雲底下方垂下的蓬蓬雲朵，就是乳狀雲。如果有機會近距離觀賞它，各位一定會被它的巨大形體所震懾。①乳狀雲出現在雲底發生下沉氣流或渦漩氣流時。一般而言，在天空還看得見乳狀雲完整形體的時候是不會下雨的；但是當它形體開始消散的時候，下大雨的機率就很高。

註：乳狀雲又稱乳房雲。

副型與附屬雲

①所屬雲屬　卷雲、卷積雲、高積雲、高層雲、層積雲、積雨雲
②形狀　圓潤；垂墜於雲底
③厚度　薄～厚
④顏色　白色～暗灰色
⑤雲滴　冰晶或水滴

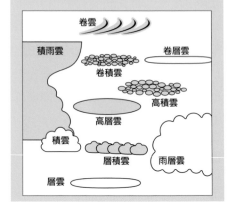

↑ 從山腰望去，發現距離不遠處有數塊乳狀雲。這幾塊乳狀雲不但上下波動，同時還慢慢地在渦旋打轉。

↑ 雨層雲中的乳狀雲。乳房形狀會在下雨後隨雲底輪廓模糊而消失。

↑ 幡狀雲在空中遭遇強風而中途改變方向。

←雲底綻開幡狀高積雲。在發現某處天空出現了幡狀雲之後，不妨再找找看，通常附近的雲也會有幡狀雲。

幡狀雲 virga vir

幡狀雲是指雲底模糊綻開、垂下，或從雲底下方直直或斜斜地垂下來的雲尾巴般的部分。⑤幡狀雲其實就是從雲降下來的雨或雪。不過由於所降下的雨或雪在空中就被蒸發而到不了地面，所以並不會沾溼地面。降水狀雲才是會把雨或雪送達地面的雲。

副型與附屬雲

①所屬雲屬 卷積雲、高積雲、高層雲、雨層雲、層積雲、積雲、積雨雲
②形狀 絲縷狀或霧狀。從雲底伸出，尾端消失在空中
③厚度 薄
④顏色 白色～暗灰色
⑤雲滴 冰晶或水滴

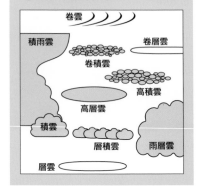

↑ 由照片可以看出，從積雨雲降下的雨變成了黑色絲縷狀的降水狀雲。如果那些雨沒有降達地面就消失在半空中，就會變成旛狀雲。

降水狀雲 praecipitatio pra

發現對面天空厚雲的雲底範圍愈來愈廣時，不妨再多留意一下雲底下方。②如果雲底下有灰色雲霧一直延伸到地表，或有黑色雲絲垂伸下來，那麼那塊雲就是降水狀雲。⑤降水狀雲會從雲體降下雨或雪，而且雨雪從雲體降落到地面的過程是可以用肉眼觀察到的。所以，降水狀雲底下一定是正在下雨或下雪的天氣。

副型與附屬雲

①所屬雲屬　高層雲、雨層雲、層積雲、層雲、積雲、積雨雲

②形狀　絲狀或霧狀，從雲底至地表

③厚度　薄～厚

④顏色　白色～暗灰色

⑤雲滴　冰晶或水滴

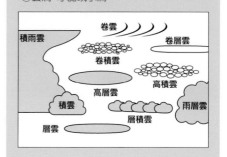

↑ 積存了大量水氣的積雨雲下起了滂沱大雨。從變模糊的雲底降下的雨珠變成了降水狀雲，以灰色雲霧的樣貌呈現在我們面前。這片雲底下正在打雷、下大雨呢！

↑一邊變形，一邊飄飛的破片雲。當厚雲雲底溫度已經相當溫暖時，破片雲就會現身天際。

←在發展至最終階段的積雨雲底下飄飛的破片雲。壞天氣下的破片雲顏色灰暗。

副型與附屬雲

①附屬雲屬　高層雲、雨層雲、積雲、積雨雲
②形狀　破碎、不規則
③厚度　薄
④顏色　暗灰色
⑤雲滴　通常是水滴

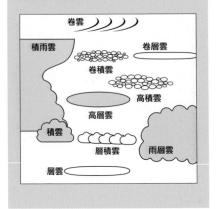

破片雲 pannus pan

　　破片雲是在天氣轉壞前的瞬間，或在天氣正在變壞的當時，出現在厚雲底下的雲。②被風吹得支離破碎的破片雲，會一邊變換形狀，一邊飛快飄移。①有時破片雲的數量會多到遮蔽上方雲層，或和上層厚雲的雲底互相融合，形成雲底大幅降低的視覺印象。在十雲屬的分類上，破片雲是積雲屬或層雲屬的碎雲。

↑ 在天空中漫延開來的砧狀雲。看起來很像髮狀積雨雲。它的體積可以大到嚇人的程度。

←仰望天空,發現積雨雲的雲頂已經發展成砧狀。而且雲砧的邊緣部位受到風的吹擾,已經出現雲絲。

砧狀雲 incus inc

結構發達的積雨雲上層部位朝橫向發展形成的鐵砧狀雲體稱為砧狀雲(雲砧)。所謂的砧,就是鍛造金屬所用的臺子。②砧狀雲是冰晶在天空中擴散成纖維狀或條絲縷狀而成。上層結構大致平坦。砧狀雲會隨著積雨雲的消失而轉變成卷雲。

副型與附屬雲

①所屬雲屬 積雨雲
②形狀 鐵砧狀
③厚度 厚
④顏色 白色~灰色
⑤雲滴 冰晶

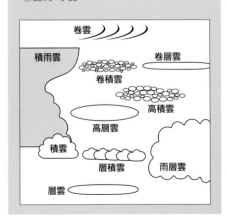

↑幞狀雲是薄且朝水平伸展的雲。經常伴隨急速發展而成的濃積雲或積雨雲出現在天空中。

幞狀雲 pileus pil

幞狀雲就像一頂戴在隆起雲頂上頭，風格拘謹的貝雷帽。幞狀雲有時一次就出現好幾層。①主要伴隨積雲或積雨雲一起出現，但本身屬於層積雲、高積雲或卷雲。由於積雲或積雨雲經常在進行隆起或崩解運動，雲體不斷在變化，因此出現於它們上方的幞狀雲壽命也就非常短暫。

副型與附屬雲

① 附屬雲屬 積雲、積雨雲
② 形狀 像頂帽子戴在積雲或積雨雲的雲頂
③ 厚度 薄
④ 顏色 白色
⑤ 雲滴 冰晶或水滴

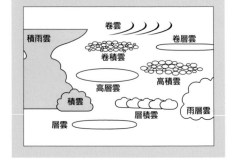

↑ 覆蓋在濃積雲上方的帆狀雲。它和幞狀雲一樣，本身屬於卷雲、高積雲或層積雲。

←伴隨濃積雲出現在天空中的帆狀雲。

帆狀雲 velum vel

　　附屬於積雲或積雨雲的帆狀雲繼續擴大發展之後就會變成帆狀。①因為幞狀雲和帆狀雲的形狀很像日本平安時代上流女性外出時所穿著的蔽臉大衣──被衣，所以這兩種雲在日本有「被衣雲」的別稱。持續向上發展的積雲或積雨雲會貫穿幞狀雲或帆狀雲，讓被貫穿的幞狀雲或帆狀雲看起來就好像被翻折出來的衣領一般，因而又有「翻領雲」的別稱。

副型與附屬雲

①附屬雲屬　積雲、積雨雲
②形狀　帆狀披覆於積雲或積雨雲的雲頂
③厚部　薄
④顏色　白色
⑤雲滴　冰晶或水滴

↑ 出現在雲底的弧狀雲。弧狀雲通常在積雨雲經過時發生，而且變化快速，弧形很快就會不見。

弧狀雲 arcus arc

　　弧狀雲主要出現於積雨雲底，是難得一見的附屬雲。②它以滾軸狀在天空朝水平方向延伸，看起來很像拱廊上方的圓弧拱頂或弓把。包圍積雨雲時，看起來則很像一塊大甜甜圈。弧狀雲是在結構發達的積雨雲所形成的強大下沉氣流抵達地面，把周圍的暖空氣推升到空中的情形下產生的。①弧狀雲偶爾也會伴隨積雲而出現。

副型與附屬雲

①附屬雲屬　積雲、積雨雲
②形狀　朝水平方向伸展的滾軸
③厚度　厚
④顏色　暗灰色
⑤雲滴　通常是水滴

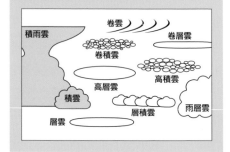

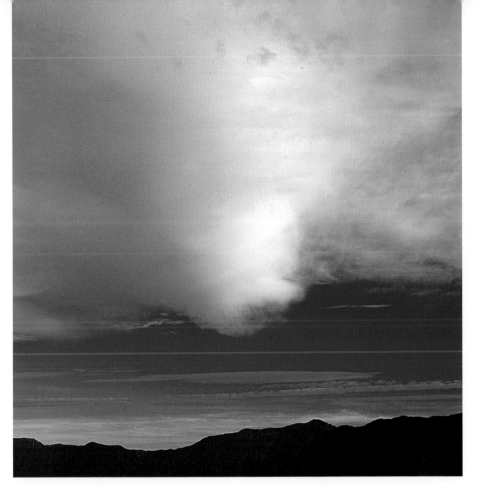

↑ 這是即將引發龍捲風的罕見管狀雲。管狀雲的雲底會一邊渦旋，一邊伸縮。

管狀雲 tuba tub

　　不降雨的積雨雲底一樣令人毛骨悚然。因為不降雨時的積雨雲不但有閃電奔馳其中，還有附著了無數個黑黑重重、波湧來波湧去的乳狀雲。②而最教人戒慎恐懼的積雨雲就屬管狀積雨雲。管狀積雨雲會從積雨雲底伸出漏斗狀或垂繩狀，不斷劇烈渦旋擾動的管狀雲體；而伸抵地面的管狀雲，就是能夠捲起地表、吸起海水的龍捲風。①管狀雲偶爾也會隨積雲一起出現。

副型與附屬雲

①所屬雲屬　積雲、積雨雲
②形狀　管狀或漏斗狀，垂墜於雲底
③厚度　厚
④顏色　白色～暗灰色
⑤雲滴　水滴

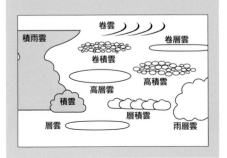

觀雲知天氣

在尚無科學儀器輔助天氣預測的年代，人們觀察雲、風，或以空氣溼度或溫度等各種天空（大氣）條件，也就是以所謂的觀天望氣的方式來預知天氣。大家或許聽過「晚霞晴，朝霞雨」、「日月有暈則雨」之類，教導人觀雲相測天氣的諺語。是的，即使到了今日，**觀天望氣仍然是預知短期間天氣概況或限定地域內天氣變化的有效方式**。以下即提供幾則觀雲相測天氣的方法。

●卷雲（條雲）變成卷層雲（薄雲）後又繼續變成高層雲（雨雲）即是天氣轉壞之兆。不會分辨雲屬也沒有關係。只要記住：雲量愈來愈多，雲高愈來愈低是天氣惡化的徵兆也可以。上面所描述的現象，就是當低氣壓接近時，雲產生變化的方式。

至於下雨的時間，根據統計資料顯示，一般是在卷雲出現後的十二到二十四小時之內，在高層雲出現之後的六到十二小時之內。

●卷積雲（魚鱗雲）或高積雲（綿羊

↑ 卷雲、卷層雲和高積雲從西方天空飄移而來。

↑ 擴散中的飛機雲。當空氣中溼氣足夠時，飛機雲會擷取空氣中的水分向外擴散。

雲）從西南天空飄向東北天空；層積雲（陰雲）或雨層雲（雨雲）從南方天空飄向北方天空，即是天氣轉壞之兆。因為上空氣壓槽正在接近本地的緣故。

●西天無雲則晴。天氣現象經常由西方天空移動而來。所以，即便所在位置正在下雨，只要西方天空是明亮的，那麼所在位置上空的雲也很快就會消散了。

●莢狀雲是強風的徵兆。上空有強風吹襲是莢狀雲出現的條件。而上空的強風有可能會降到地表，所以莢狀雲是強風可能出現之兆。另外，莢狀雲中的笠雲和吊雲則是下雨之兆。

●飛機雲出現暗示次日將雨。飛機雲之所以能夠形成，是因為上空大氣溼度相當足夠。反過來說，當飛機雲無法形成，或形成後隨即消失，就暗示著天氣將持續維持晴朗。

2

各式各樣的雲

早在有關雲的科學正式成立以前，雲就已經相當受到人們的關注和喜愛，而有了各式各樣的名稱。

許多雲都有助於判斷天氣將如何變化。接下來的章節即要為各位介紹一些經常出現在日常生活中，以及一些爬山時可能會遇見的雲。提到這些雲，各位可能都曾和它們打過好幾次照面了呢！那麼，就來多了解一下過去相逢卻不相識的雲吧！愈是了解它們，你一定愈會得到一種感受：原來雲離我們有這麼近。

↑秋季天空中的噴射雲，暗示著冷天氣正一天一天地悄悄逼近中。因為原本被夏季高氣壓推擠而北上的噴射氣流，現在正隨著高氣壓南下而捲土重來。噴射氣流到了冬天就會變得特別強勁，平均風速高達每秒 30 公尺，和大型颱風不相上下，偶爾甚至可以飆到每秒 100 公尺以上。

←噴射雲多呈輻射狀。畫面中的噴射雲是由西向東劃過天空。

噴射雲 屬於卷雲或卷層雲

　　噴射雲是沿著對流層頂的噴射氣流形成的，又可稱為噴射氣流雲。在以日本等中緯度地區的上空，一股由西吹向東，日本人稱偏西風的強風無止息地吹襲著。其中，宛若自大氣中噴湧迸出的急流般，風力特別強勁的風，就是我們所謂的噴射氣流。噴射雲經常以又長又濃的帶狀卷雲姿態現身，雲絲經常和噴射氣流垂直。各位不妨由噴射雲快速飛行的情景，想像一下，被不同於陸面的高空強風吹襲是什麼滋味吧！

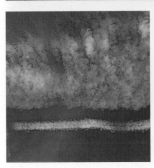

↑ 沐浴在夕陽餘暉中的飛機雲，
被上空強風吹出一波又一波的
波紋

← 左圖：上方是分布範圍極廣的
飛機雲。如果大氣中的水蒸氣
太多，那麼多餘的水蒸氣就會
往下沉降，變身成其他的雲。
右圖：由高積雲形成的消滅飛
機雲。

飛機雲（航跡雲、人造雲）

飛快劃過天際的飛機雲，是飛機行經溼冷空氣所製造出來的雲。

當飛機引擎排放出來的水蒸氣遇到冷空氣而急速冷卻，或是機翼擾亂周圍空氣，促使空氣中的水蒸氣凝結成雲滴，就會形成飛機雲。有些飛機雲會在形成之後隨即消失，有些則久久不散地持續飄蕩在天空中。不過，

如果飛機飛過的是薄而寬廣的雲層，則會把雲層裡面的雲滴蒸發掉，在天空留下一道雲消失不見的痕跡，形成所謂的消滅飛機雲（又可稱為反飛機雲）。

157

↑ 一道純白的飛機雲劃過天際。飛機雲雖薄，但它的出現已經足以說明上空大氣的潮溼程度。所以如果天空中的雲量有愈來愈多趨勢，就暗示著天氣狀況會走下坡。日本流傳著這麼一句話：「飛機雲出，次日雨來」。

↑ 關於條雲的條紋，無論在形狀走勢或在長度上都有非常多種可能。

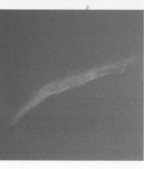

←左圖：以條雲形式出現的浪雲。這形狀乃是拜上空的大氣亂流所賜。
右圖：細舞雲。這個雲名出自幸田露伴的著作《雲的種種》。幸田所指的，應該就是這種形狀的卷雲吧！

條雲 卷雲的俗稱

條雲即條狀的雲。它看起來有如散亂在高空中的白色絲絹，或是從蠶繭裡頭所抽出來飄浮在高空中的細絲。條雲是冰晶雲，所以帶有晶亮的光澤，是顏色最亮白的雲。

「好像被刷毛順過一樣」是條雲專屬的形容詞。英文稱又長又直的條雲為「mare's tails（雌馬的尾巴）」，日文則將它譯為「馬尾雲」。雖然條雲是終年可見的雲，但是空氣澄淨的秋季天空中的條雲總是令人印象深刻。條雲屬於十雲屬中的卷雲。

↑ 看起來呈輻射狀的條雲。淨白的條雲，讓碧藍的天空看起來更高更遠了。

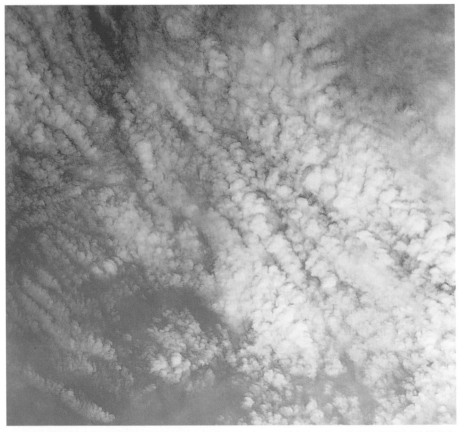

↑沙丁魚雲看起來就像灑滿藍天的白棉花。部分雲朵已經互相融合在一起,部分雲朵則像波紋般整齊排列著。

沙丁魚雲、青花魚雲、魚鱗雲 卷積雲的俗稱

卷積雲擁有世上最美麗的雲之稱號。自古以來就被歌詠入詩,而且它的每一種俗稱都被納入秋天的季節語中流傳世人。

聚集了無數細小雲朵高掛在天空中的雲,就是十雲屬中的卷積雲。它屬於冰晶雲,因此能夠散發出亮白的光芒。除此之外,它還有泡泡雲、點點雲等多種可愛的暱稱。

之所以會有沙丁魚雲和青花魚雲的俗稱,是因為卷積雲的雲朵雲群看起來就像一大群聚集在一起的沙丁魚或青花魚;而魚鱗雲俗稱的由來,則是因為它的雲朵光芒閃耀,看起來就好像魚兒閃亮的鱗片。其他還有漣漪般排列開來的雲朵,很像青花魚背部斑紋的說法。這些雲的出現,都是天氣即將轉壞的前兆。另外還有一種說法指稱:在海象變狂暴以前,可以捕到一大群的沙丁魚或青花魚。

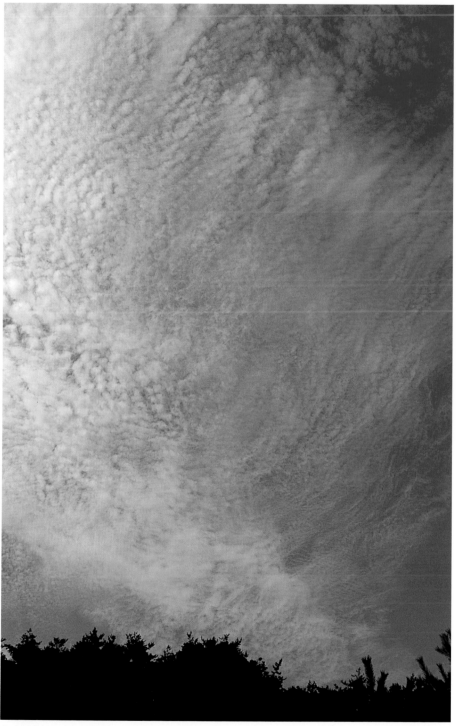

↑ 布滿整片天空的魚鱗雲。你看它們像什麼呢？像一群沙丁魚、像青花魚的背紋，還是像一堆泡泡呢？

↑ 被落日染成橘紅色彩的薄雲。薄幔般的雲層在太陽餘暉閃耀下波紋顯露。

薄雲 卷層雲的俗稱

季節語「春雲」大概就是指這種沒有特別形狀,淡淡地鋪滿整面天空,看起來一片迷濛的雲吧。

薄雲像一大片罩在高空的輕薄蕾絲,屬於十雲屬中的卷層雲。

薄雲遮蔽太陽或月亮時會形成日暈或月暈(P.204),是薄雲的主要特徵。日暈或月暈是天氣即將變壞的徵兆,和暈有關的諺語也多半是在表達暈和下雨的關聯。不過如果卷層雲的雲層沒有持續在增厚,那麼下雨的機率就會比較低。

↑ 條紋狀的薄雲邊緣遮蔽了太陽，形成了一圈斷斷續續的日暈。

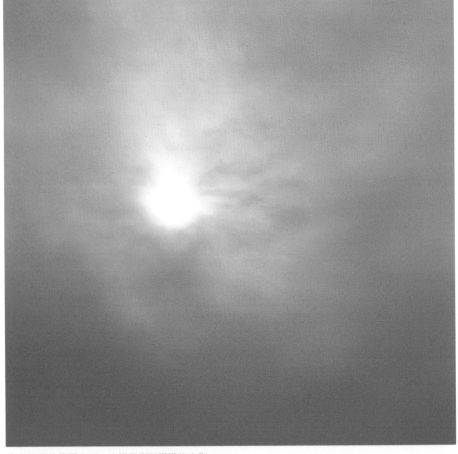

↑在朧雲的籠罩之下，太陽只剩下朦朧的光影。

朧雲 高層雲的俗稱

「朧」是萬物受遮蔽而形影模糊的意思。月光溫柔撫照大地的夜晚稱為「朦朧的月夜」；日本人稱櫻花季節裡日光微陰但氣溫溫暖的陰天為「花季陰天」。形容朧雲大範圍籠罩天空的詞語不勝枚舉，而且全都是和春季有關的季節語。朧雲雖然是終年可見的雲，但卻擁有強烈的春季印象。日本人又稱它為「濁雲」。

朧雲屬於十雲屬中的高層雲。厚度較俗稱薄雲的卷雲稍厚一些，視覺上宛如一大片流瀉天際的薄墨。朧雲這個俗稱，或許就是由日月因之而朦朧的視覺印象而來的吧。

日本俗諺說：「天掛朧月，隔日便雨」。朧雲厚度增加代表降雨的可能性增加。

↑數一數，天空中究竟有幾隻小綿羊在嬉鬧玩耍呢？這一大群綿羊雲，正以悠緩的步伐漫步天空。

綿羊雲、斑駁雲 高積雲的俗稱

綿羊是大家都非常熟悉的名稱。有如一小丸、一小丸棉花灑滿藍天的雲，就是俗稱的綿羊雲。有綿羊雲出現的天空，就好像有一大群小綿羊在蔚藍的牧場裡嬉戲一樣。

日本人對於在藍天大牧場中遊玩的綿羊雲，卻有一句「綿羊雲朵飄過天，次日便有雨來下」的俗諺。如果綿羊雲的雲朵愈膨愈大，數量也愈集愈多，天空的確是有下雨的可能。

綿羊雲通常屬於十雲屬中的高積雲，不過也有部分綿羊雲屬於積雲或層積雲。另外，帶有陰影的高積雲雲朵，由於雲色斑駁，所以一整群顏色斑駁的高積雲就稱爲「斑駁雲」。

167

↑ 斑駁雲。大大小小塊頭不一的雲朵都帶著或濃或淡的暗影。這一大片雲看起來也好像大魚身上的大塊魚鱗。一般而言，魚鱗雲指的是卷積雲，不過既然是雲的俗稱，當然也就沒有特別嚴謹的規定，只要長得像就算數。

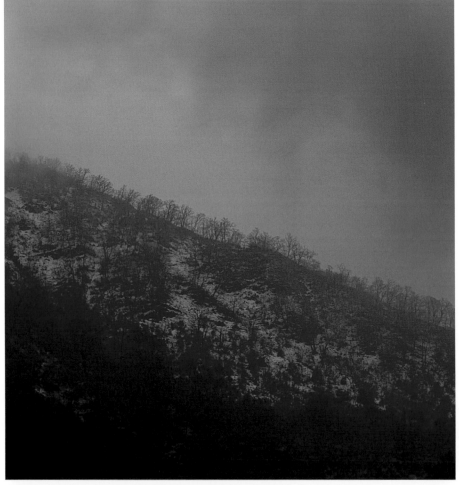

↑ 低垂的雪雲。氣溫降低會使雲體形成雪的結晶而飄下雪花來。

雨雲、雪雲 雨層雲的俗稱

　　讓大白天的天空陰暗混濁缺少陽光，然後再過不了多久便滴答滴答地下起雨來的雲就是雨層雲。而雨雲、雪雲都是雨層雲的俗稱。

　　雨層雲是典型會帶來降雨或降雪的雲。它總是低垂籠罩在上空，安靜而持續地下著雨或雪，而且它的出現是不分四季的。

　　當然也是有其他雲可以讓天空降下更大量的雨或雪，例如雲頂有著團團隆起的濃積雲或積雨雲就是。這兩種雲所降下的雨有如傾盆大雨般強烈，降水的方式和雨層雲很不相同。會讓冬季的日本海沿岸降下大雪的雲，是濃積雲或積雨雲。

↑ 雨雲。靠近陸面部分的輪廓已經模糊。從遠處望去，從雲降下來的雨看起來就好像霧一般的迷濛。

↑ 被稱為陰雲或大片雲的層積雲。從雲底起伏的模樣看來，又好像是田埂雲。

陰雲、田埂雲 層積雲的俗稱

以整個四季來看，最常見的雲就是色澤深淺不一，大片大片地鋪蓋低空的層積雲。

而陰雲即是這種類型的層積雲的俗稱。這類雲不像雨雲那樣厚重，也經常可以讓人透過它的雲隙窺見隱身於後的藍天。不過如果它的雲片繼續集結得很厚而且籠罩全天，的確是會給人沉重的視覺壓迫感。這樣厚重的層積雲被俗稱為「大片雲」。如果是在寒冷的冬天看到這樣厚重的雲，大部分人大概連出門都嫌懶了吧！

層積雲有時也像浪濤般一波一波地排列，形成田畝一般的景象。高度位置比層積雲更高的波浪狀高積雲，有時也會變成田埂雲出現在天空中。

↑ 捲軸般的陰雲像田埂一般地在天空中排了好幾列。陽光從雲隙間傾瀉而出。

↑ 陰雲的高度不高,從山上觀看,它就在我們的眼底下。這片陰雲的下方,就真的會因為它存在而陰天。

173

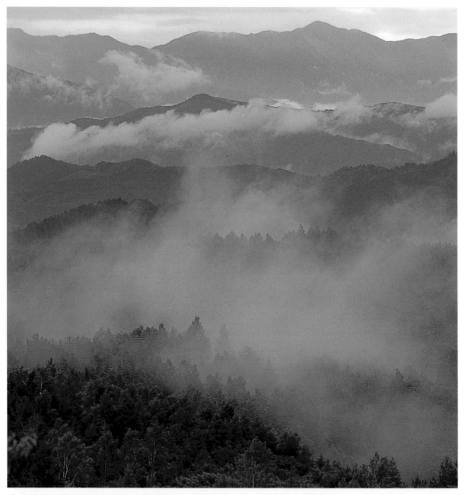

↑ 飄蕩在山巒之間的薄霧雲。霧雲通常在清晨出現，隨太陽昇起而蒸散消失。

霧雲 層雲的俗稱

　　無論是會降雨的厚雲，或是輕盈繚繞的薄雲，在近距離觀看下都很像霧。一般人口中的霧雲，指的是十雲屬中的層雲。

　　層雲是在天空中均勻散布的灰白色雲。厚度非常薄，通常是還能清楚看見太陽程度的薄。

　　霧雲之所以被稱為霧雲，或許是因為它出現的位置在最低的緣故。有時甚至可以低到將摩天樓頂端的樓層包圍在它的雲體之中。

　　在好天氣出現的霧雲有如曇花一現，天空很快就轉晴。但是出現在陰雨天的霧雲可就沒那麼容易消散了。

↑ 因為霧雲屬於層雲，是雲的一種，所以雲底並不接觸地面。會和地面接觸的是霧不是雲。

↑一團一團向上隆起的積雲。積
　雲也是一種非常常見的雲。

←左圖：形狀扁平的綿雲。綿雲
　是一種模樣多變，非常有意思
　的雲。
右圖：水平發展勝於垂直發
展，雲底寬闊的大塊綿雲，因
為狀似人的坐姿，又有「坐
雲」之稱。

綿雲、堆積雲 積雲的俗稱

　　最常被小朋友描繪入畫的雲應該就是綿雲了。綿雲就像一團飄浮在空中的白棉花。雖然它擁有濃厚的夏天意象，但是只要是天氣晴朗的日子，無論是哪一個季節都可以發現它飄蕩在空中。綿雲是十雲屬中積雲的俗稱。在低空中緩慢飄移的綿雲，無時無刻不在變化它的形狀。扁平的綿雲向上隆起，看起就像重疊數塊雲塊的雲稱為堆積雲。另外，形狀細碎飄零的「蝴蝶雲」、零零散散地飛過厚雲底下的「凍雲」或「黑豬雲」也都是積雲的可愛暱稱。

↑ 狀似棉花糖的綿雲恰巧在這片天空以大小順序排成了一直行。這幾朵綿雲後來在風的吹拂下一一飄走了。

↑ 向上團團隆起的巨怪雲雲頂。巨怪的頭形會不斷改變。這是因為被驕陽燒烤產生的大地熱氣飄升活躍了雲體中的上升氣流，刺激雲體快速成長所形成的巨大形體。

← 這朵雲像不像大步邁開的禿頭大妖怪。巨怪雲或積雨雲自古以來就是人們熟悉又懼怕的雲。「信濃太郎」、「丹波太郎」、「板東太郎」、「筑波次郎」等名稱就是各地居民依照該地文化背景為這種雲所取的別名。

巨怪雲 濃積雲的俗稱

　　巨怪雲是夏天裡最具代表性的雲。雲頂隆起圓潤光滑，就像一頂大光頭。而且這貌似大光頭的雲頂在強烈陽光照射下還會閃閃發亮。它的高度可以高達數千公尺，遠觀就像一座聳立的巨大高塔。

　　巨怪雲算是在擁有團團隆起結構的積雲屬中的濃積雲的暱稱。這個暱稱倒也不只被用來稱呼濃積雲而已，它也被用來暱稱雲頂不再繼續堆高的積雨雲。不過不管怎麼說，雲頂像個大圓光頭的雲還是和巨怪雲這個暱稱比較匹配。

↑ 這朵雲向上團團隆起，看起來就是標準的巨怪雲。這是一朵頭頂大光頭的巨怪雲。

↑雷就剛好落在附近地區。頭頂上有巨大雷雲經過，看來這段時間之內要稍微注意一下，以避免遭受雷擊。

雷雲 積雨雲的俗稱

聽見遠處傳來轟隆轟隆的雷聲，就代表雷雲來了。雷雲會讓周遭地區整個陰暗下來，讓閃電裂開大氣，讓雷聲震天響地的傳開，讓風雨激烈地搖晃著每一棵樹木。

這樣的景象在夏天傍晚非常常見。不過雷雲的出現並不僅限於盛夏季節。它也會出現在五月，讓五月的天空降下大冰雹，或在冬天讓日本海沿岸降下大雪。

雷雲是積雨雲的俗稱。雷雲的生命非常短暫，往往出來肆虐個一、二個小時之後就消失了。在鄰近梅雨鋒面的地區，雷雲經常會接連出現在某一個狹小範圍內，為該地區帶來集中豪雨。

↑分成上下兩層各自擴散的鐵砧雲。這朵巨大的鐵砧雲讓前方的濃積雲在相形之下嬌小了許多。鐵砧雲的英文名稱是「anvil could」，而 anvil 正是鐵砧的意思。

←從下方仰望觀察到這塊鐵砧雲。從這個角度可以清楚看到它的條紋結構。它開展的雲頂非常厚實，顏色呈灰色。

鐵砧雲

　　鐵砧雲是髮狀積雨雲的俗稱，在 P.149 的「副型」亦有介紹。

　　鐵砧是鍛造金屬或進行鈑金作業時用來放置金屬的臺子。鐵砧雲是因為形狀和鐵砧相像而得名，也有人把它的形狀聯想成鐵軌的斷面，更有人稱它為牽牛花雲。

　　鐵砧雲是上層分布廣闊的髮狀積雨雲。發展中的巨怪雲的大光頭繼續長到碰到天空的天花板（對流層頂）後停止隆起就會變成積雨雲。待積雨雲上層再往水平擴散之後，上層就會發展成鐵砧形狀。

181

　　雲的變化有無限多種可能。只要天空中的大氣條件不同，飄浮於其中的雲也就不同，而且雲的形狀更是隨時都處在變化之中。

　　抬頭仰望天空，說不定就可恰巧看到形狀很像某種動物或某種物體的雲呢！在探索雲形狀的時候，不妨多發揮一點想像力吧！

↑ 正面看起來很像駱駝臉的雲。積雲。

↑ 朝左邊天空望的獅子頭雲，是不是超像職棒隊伍——西武獅的標誌呢？積雲。

↑ 一片被吹上青天的銀杏葉。卷雲。

↑ 遨遊天際的飛鳥。卷雲。

↑ 抬頭望向左邊天空的烏龜。積雲。

↑ 蝸牛。而且還是一隻觸角好長的蝸牛呢！積雲。

↑ 在海中悠游的熱帶魚。卷雲。

↑ 像蛇又像龍的雲。積雲。

↑雲瀑。如果從更高一點的地方觀看，應該可以欣賞到停滯在山峰之間的雲海景觀吧！

雲瀑　主要發生於層積雲或層雲

雲瀑因為像從對面山上滾滾而下，或從山坡上急瀉而下的瀑布而得名。淹沒山稜，滑下山坡而來的雲瀑，像極了用超慢動作播放的瀑布。

雲瀑出現在風從對面山峰吹過來的時候。當雲越過了對面山峰，往下風處滑下時就可以欣賞到雲瀑景觀。下滑的雲瀑會形成一股下沉氣流，並且在沉到谷底以前逐漸消聲匿跡。

有時飄浮在盆地或山谷間的雲，也會在受太陽熱力或風力作用下湧出山頭，形成雲瀑。

雲瀑經常出現在風速微緩的早晨。雲瀑的出現通常暗示著天氣轉壞的可能性很大。

↑ 雲海中吸收了太陽熱氣而高高湧起的部分雲體被風一吹，形成了海嘯襲岸般的景象。

雲海 主要發生於層積雲或積雲的一種雲形

　　雲海的遼闊之美，恐怕非言語能訴盡！宛如一望無際的銀白色平原的雲海，只有壯闊與神聖可以形容。

　　當平常我們抬頭仰望大片相連的雲朵跑到我們的腳底下時，就形成了所謂的雲海景觀。瞬息萬變的雲頂景觀，只有登到雲底之上的人才有權欣賞。

　　在天微亮的時候，悄悄漫開的雲海會隨著太陽的昇起展開活動。所有雲先是慢慢互相推湧如海浪波動，然後逐漸形成大浪翻騰；最後，劇烈翻騰的雲海會四分五裂成擁有團團隆起的積雲或層積雲。

　　春秋兩季生成的雲海最為美麗。雲海通常在停雨日的翌日出現。

↑ 太陽還在雲海之下。清晨的雲海就好像鋪滿一整面的蠶絲繭。此時沒有半點風，周遭一片寂靜。如果
能在山上迎接早晨到來時欣賞到一望無際的雲海，那真是一種莫大的喜悅啊！

↑ 披戴於盤梯山頂的山桂冠雲。山桂冠雲來自層
雲。層雲是一種均勻擴散於地面附近到二千公
尺左右低空的雲。

← 兩條相疊的帶雲。

山桂冠雲

　　山桂冠雲是盤踞在山頂或山腰的
帶狀白雲。它出現的位置並不限於獨
立山峰，也可在層巒相疊的山脈見到
它。

　　山桂冠雲還有許多別名。披掛在
山頂上的稱為「纏頭雲」；盤踞在半
山腰的稱為「纏腹雲」；在山腳邊延

伸的雲稱為「纏腰雲」。如腰帶般纏
繞在半山腰的雲稱為「帶雲」。比山
桂冠雲稍短，僅一條直線般的雲稱為
「橫雲」。

　　這類雲出現在許多地方性的諺語
中，例如：「富士山纏頭巾也下雨，
纏腰帶也下雨」。

↑山旗雲從山稜線往下風處繚繞而去。

山旗雲 發生於層積雲、層雲或積雲的一種雲形

旗雲是一種隨風繚繞、飄升於山頂到半山腰之間的雲。之所以有此命名，可能是命名者將山看做是旗竿，將雲看做是旗子的緣故吧。

山旗雲強風吹襲山脈所產生的現象。從上風處越過山頂的氣流把山背面下風處的空氣吸上來後開始向上飄，然後，上升的空氣中便產生氣旋或亂流，當這塊空氣潮溼了之後，雲便湧了出來。而這雲如果再被風一吹，就變成了山旗雲。

山旗雲經常現身於天候安定的山區縱走中。

如果在攻頂時，發現自己的影子剛好映照在山旗雲上，而且影子周圍還有光環圍繞，就是所謂的「布羅肯現象」（詳見 P.215）。

191

↑ 像一片薄棉花覆蓋在山頂上的笠雲。笠雲的形狀會以山頂為中心，左右對稱。

笠雲 莢狀雲的一種，主要見於高積雲、高層雲、積雲的一種雲形

笠雲是懸掛在山頂附近，像斗笠一樣懸戴在山頂或稜線上的雲。

笠雲是沿著山坡表面攀升後沉降下來的溼潤空氣所形成的雲。從山腳下被風吹上來的空氣被吹到山頂附近後，空氣所挾帶的水蒸氣就會變成雲滴。當空氣越過頂峰開始下滑之後，雲滴就會再度變回水蒸氣而消失。儘管整朵雲看起來並沒有在移動，但是水蒸氣卻都還是源源不絕地被補給到雲體中，所以雲滴的新陳代謝仍是處於非常旺盛的狀態。

笠雲當然也會出現在峰峰相連的山脈或山頭各自孤立的群山上，不過怎麼看還是孤峰和笠雲所營造出來的畫面最迷人。在日本，就以富士山上的笠雲景觀最為著名，而且因為雲形或位置不同，還有一頂斗笠、睡帽等二十種以上的別名呢！

↑ 好像數片豆莢相疊在一塊兒的吊雲。只要風向、風速、氣溫等天候條件沒有巨大的改變，吊雲就長時間以同一個形狀飄浮在同一個地方。無論是吊雲、笠雲還是山旗雲等受地形影響而形成的莢狀雲，即使看起來一直在原地一絲不動，但都還是有新的雲滴源源不絕湧入雲體補充散失的雲滴。

←高度較低的山頂上一樣可以讓吊雲形成。

吊雲 莢狀雲的一種，主要發生於高積雲、高層雲、積雲的一種雲形

　　吊雲總是飄浮在山的下風處，看起來就像一塊飛到空中的飛盤，因為雲體看起來好像是被懸吊在空中而得名。因為形狀的差異，吊雲還有「橢圓吊」、「波浪吊」、「圓筒吊」、「翼雲」等別名。

　　吊雲是因為地形或風勢影響而形成的雲，出現在山脈受到強風吹襲，越過山頂縱向拍打的風和包圍在山兩側的風會合的地方。

　　吊雲和笠雲經常被利用在天氣觀測上，也有很多地域性的諺語。總之，吊雲是預告壞天氣即將來臨的雲。

↑ 出現在富士山區的吊雲（左）和笠雲（右）。相片中的吊雲屬於「橢圓吊雲」；笠雲屬於「雙層斗笠」。
拍攝當時可以看出氣流流動的情形。有句俗諺說：「富士山戴斗雲則雨」，據說這句俗諺的命中率高
達百分之八十。

↑ 畫面中的雲像極了優雅地飄浮在藍天大海中的水母。水母雲只要被風一吹就會變形。

笠雲 莢狀雲的一種，主要見於高積雲、高層雲、積雲的一種雲形

水母雲是一種好像優雅地飄浮在藍天中的水母形狀的雲，它的雲頂渾圓，雲底綻開而且還帶尾巴，因為狀似水母而得名。

它總是在你發覺好像看到它的時候瞬間消失了蹤影，又在你再次於附近的天空發覺到它時再次消匿不見。總之，水母雲的壽命極短，形狀變化極快。

水母雲發生於薄雲慢慢越過山頭的時候，當山頂附近的亂流擾亂了雲底，就會演變成水母狀的雲。除此之外，它也會形成於強烈的低氣壓或冷鋒經過之後，或是移動性高氣壓的前面，因此算是一種出現於天氣變好時的雲。

3

天空

　　天空裡不可思議的事可多了。有時候它以單純的藍色浸染自己，有時候它會掛起一圈彩虹色彩的光環給人們欣賞；它會降下雨水也會丟下冰雹，有時還會讓電流流竄過它的身體。本單元介紹出現在天空中的各種現象。也請各位讀者實際動動自己的眼睛和耳朵，去探索天空的各種行為吧！

↑ 淡淡的卷積雲漫布在蔚藍的天空上。藍天的顏色是多層漸變的，愈接近地面顏色愈白，愈高空顏色愈深。

藍天 blue sky

　　白天的天空為什麼是藍色的呢？藍天之所以會藍，是因為地球上有一層薄薄的大氣覆蓋於上的緣故。

　　陽光透過三稜鏡之後就會分離出彩虹般的七彩顏色。從宇宙投射進來的太陽光，一碰撞到大氣中的空氣分子之後，其中的紫色或藍色的光線就很容易散亂出來。那些光線從四面八方飛到眼睛裡面，就會讓天空看起來呈藍色。如果沒有大氣層，那麼地球白天的天空看起來就會像從月球表面所看見的天空那樣漆黑成一片。

　　在空氣稀薄的高山上，由於可以散亂光線的空氣稀少，所以天空看起來是顏色很深的藍色。相反的，在空氣汙濁的大都會地區，因為天空中存在著大量的煤煙和砂塵，把太陽光中的各種顏色都散亂掉了，所以看起來特別白。

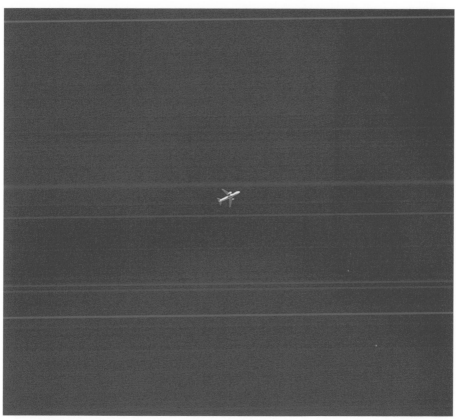

↑ 一架飛機飛過萬里無雲的晴空。飛機沒有製造出飛機雲的原因，是因為高空中的空氣乾燥、較少水氣的緣故。

↑ 煙霧瀰漫的天空。這片煙霧是霧和煤煙的混合體，也是居住於其下的人們無緣看到蔚藍天空的原因之一。

↑ 冬日的日出景觀。朝陽炫得眼睛都花了。夜間溫度冷卻下來的空氣中的煤塵和水蒸氣較少，所以傍晚的空氣看起來總是比白天澄澈許多，而且傍晚的天空很快就會由紅轉藍，傍晚的陽光也比白天來得清晰明亮。

朝霞 morning glow／晚霞 sunset glow

各位應該都有注意過日出、日落時的天空景象。

日出，淡淡的曙光從黑夜中泛出，地平線上出現橘紅色的光芒，然後太陽昇起，天空亮白起來。空氣澄淨，地平線上沒有厚雲遮蔽的日出美麗極了。

朝霞和晚霞的形成和藍天一樣，都是大氣和樣光互動的結果。從地平面斜斜投射過來的陽光所穿透的大氣層比一般時候的白天所穿越的大氣層還要厚。陽光在穿越大氣層的過程中，紫色和藍色光被散射開來的情形比一般白天來得嚴重，剩下黃色和紅色光持續接近地面，染紅地平面附近的天空。顏色瞬息萬變，而且朝夕各自以不同方式被暈染的清晨與傍晚的天空，是令人百看不厭的天空。

↑ 冬季的日落景觀。白天時，空氣中飽含被太陽熱力蒸散出來的水蒸氣，加上人類活動製造大量的煤塵，太陽光散射的情形很嚴重，所以天空帶著濃濃的紅色調，太陽光芒也較柔鈍。

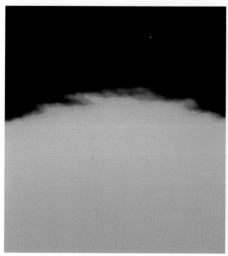

↑ 日出和日落的瞬間，陽光因折射緣故，太陽的邊緣泛出綠色光芒。這個現象稱為綠閃（green flash）現象。

↑ 在茜紅色的天空中，出現了漁船飄浮在近海上的景象，這就是所謂的海市蜃樓或蜃景，是光線異常折射所產生的現象。

201

↑ 晚秋時節的晚霞。這時的太陽已經完全沒入地平線之下。從大地的彼端投射過來的陽光為天空畫上五
彩繽紛的顏色。晴朗的晚秋天空晚霞,可以說是四季中最美麗的晚霞。

↑ 出現在卷層雲中的內暈。視半徑約二十二度，大約是伸直手臂，兩手握拳相並的寬度。

暈 halo

　　高空中出現薄雲，使太陽或月亮周圍產生白色或七彩顏色的大型光環現象稱為日暈或月暈。

　　有時，和光環接觸的光弧還會繼續向外延伸，或是在光環外側又形成一圈光環。

　　上述所稱的暈，其實是飽含冰晶的雲所形成的光象*。當太陽光或月光受到具有和三稜鏡相同作用的冰晶雲滴折射或反射時，就會形成這種現象。最常出現的暈，是視半徑 22 度左右的內暈。

　　最容易產生暈的雲是薄紗一般的卷層雲。在嚴寒地區，即使是低空中的雲也含有豐富的冰晶雲滴，所以嚴寒地區的低雲也可以形成暈的景象。

註：光象：日光或月光經過反射、折射、繞射或散射等過程所產生的光學現象。

↑ 在夜空中均勻擴散開來的卷層雲微微遮蔽了月亮，形成了一圈光暈。光源來自月光的光暈稱為月暈。

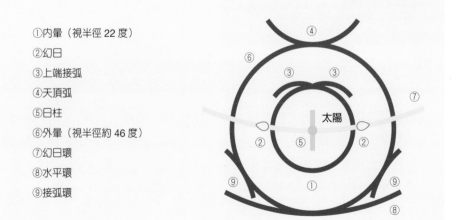

①內暈（視半徑 22 度）

②幻日

③上端接弧

④天頂弧

⑤日柱

⑥外暈（視半徑約 46 度）

⑦幻日環

⑧水平環

⑨接弧環

太陽

↑ 暈象的種類。幻日和幻日環的色澤偏白；日柱和太陽同色；其他暈象若出現在太陽的那一側則呈紅色，若出現在太陽的反側則呈紫色。

↑ 面向畫面的右邊位置是太陽，左邊位置中的小小光點是幻日。幻日會出現在和太陽的水平，距離內暈外側不遠的地方。

←出現在卷層雲中的幻日。幻日出現於雲滴飽含大量平滑的冰晶，且大氣狀態穩定時。促成幻日形成的條件愈佳，光點色澤也就愈鮮豔耀眼。當時的太陽在照片右側以外的地方。

幻日 mock suns / sun dogs / parhelion

幻日是僅次於內暈易見的暈象，出現於太陽高度位置較低時。

幻日會出現在太陽的左右兩側，是一團光亮耀眼的光團。它和其他的暈象一樣，是因為太陽光受到冰晶折射而形成。

仔細觀察幻日可以發現，靠近太陽的那一側顯現出來的光以紅光居多，和太陽相反方位所顯現出來的光以白光居多。白光部分長長延伸出去所形成的弧形稱為幻日環（請參考P.205）。由月光所形成的光團稱為幻月。

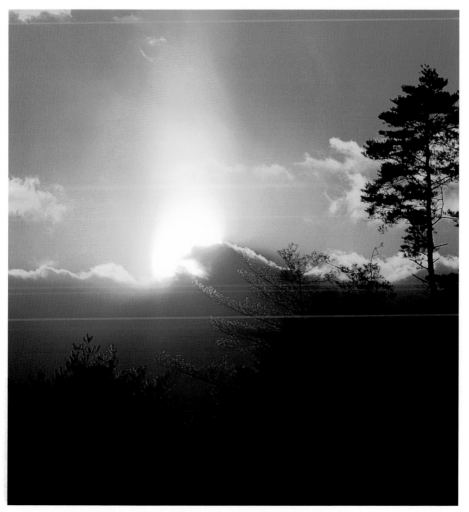

↑日柱。它是較太陽稍粗的垂直光柱。照片中日柱的下半部分隱匿在雲層之後。

日柱 sun pillar

日柱是日昇後或日落前夕,太陽還在地平線附近的地空時出現的暈象。太陽光柱以太陽為中心,從上下垂直方向延伸出去的現象稱為日柱。日柱的顏色大約和太陽相同,又稱為光柱。

產生光柱的介質是飄浮在大氣中形狀平滑的冰晶。平滑的冰晶們大致以水平方向排列,而且只以上下兩面反射日光就會形成日柱現象。

相同道理,光源來自月亮的光柱稱為月柱。

↑ 鮮豔的彩虹。在古代，彩虹被視為一種不可思議的現象，被人視為龍或蛇的象徵，也有在其下挖掘可挖得實物的傳說。

虹 rainbow

在雨過天晴天空中出現的七彩光學現象稱為虹。不管追尋它的人多麼努力逼近它，它都還是不予理會地繼續逃得遠遠的。當我們在看彩虹的時候，其實是在看飄浮於空氣中水滴，所以當然是追到哪都追不到它。

虹出現在空氣中飄浮著大量的水滴，而且太陽光斜射穿過水滴時。這時水滴所擔任的是三稜鏡的角色，在天空中製造出彩虹的景象。彩虹總是背對著太陽出現在天空中，而且空氣中的水滴愈大，彩虹的色澤就會愈鮮豔。

一般常見的彩虹是所謂的主虹，內圈是紫色的虹帶。有時在主虹外側還會出現內圈是紅色帶的副虹。另外，由微小水滴組成的霧或雲滴折射形成的虹，由於色澤偏白，所以被稱為白虹。

↑ 出現在濃積雲中的虹（中央偏左）。出現在雲裡面的虹的色澤一般都會偏白，但是如果形成雲滴的水滴夠大，一樣也可以將陽光折射出七種顏色來。

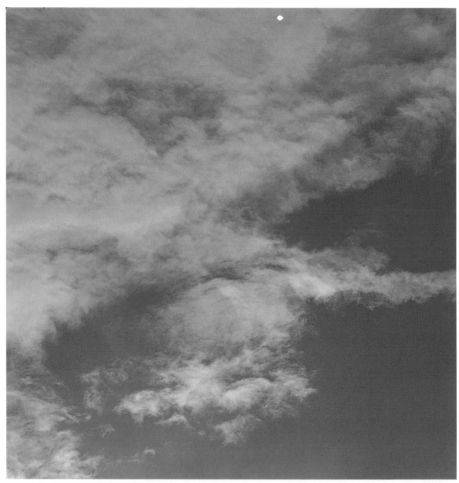

↑出現在高積雲裡的彩雲。彩雲出現在高積雲的場合較多。

彩雲 iridescent cloud

彩雲是在接近太陽或月亮的浮雲邊緣閃耀五彩光芒的現象。彩雲包含了淡綠、淡藍、淡粉紅等顏色，就像一幅美麗的粉彩畫作。

彩雲在日本自古以來即被視爲好事將起的吉兆，而且有「景雲」、「慶雲」、「紫雲」、「瑞雲」、「五色雲」、「五雲」等多種別名。日本更曾因爲美麗彩雲的出現，而在西元 704 年更改年號爲慶雲，在西元 767 年更改年號爲神護慶雲。彩雲是日光或月光因爲體積非常微小的雲滴發生繞射所產生的現象。光線繞射的方式會因爲雲滴大小而不同，因此可能的繞射方式有許多種，也沒有固定的顏色組合。

↑ 雲端的彩雲。體積薄且逐漸消失中的雲,由於各雲滴的大小較為相近,所以容易形成彩雲。

↑ 出現在積雲的彩雲。它的光芒過於耀眼,幾乎很難用肉眼直接觀賞。為了呈現出彩雲的風貌而縮小
光圈拍攝的結果,背景天空的色澤較原色偏暗了些。

↑ 高積雲裡出現了五彩繽紛的漂亮彩雲。大氣穩定、天空晴朗正是彩雲現身的好時機。出現鮮豔色澤的雲的形狀是瞬息萬變的，而且在一邊變形一邊飄移的時候逐漸褪去色彩。

↑出現在高積雲裡的華,華的顏色以外圍的紅光最為醒目。

華 corona

當雲遮蔽太陽或月亮時,在遮蔽太陽或月亮部分周圍會產生一小圈彩色的光環,那圈光環就是華。日文稱之為光冠,又稱為光環。華可以白光圓盤的形態出現,也可以披一圈華美的七彩虹環出現在空中。

華伴隨卷積雲、高積雲、高層雲等薄雲而出現。華和彩雲一樣,是因為太陽或月亮的光芒受超細微雲滴影響發生繞射而產生。華的顏色排列和擁有大型光環的內暈不同,內圈是紫光,外圈是紅光。

因太陽而起的華稱為日華,因月亮而生的稱為月華。對於唯美的光華,西洋方面則有「金牡羊」或「天神的使羊」之稱。

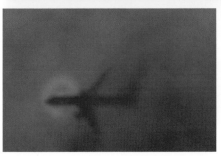

↑出現於山頂的布羅肯幽靈。扭曲變形的巨大魅影，一定讓許多人以為看到鬼魅而直打哆嗦吧！不過換個角度來看，它也像身後光圈圍繞的天使或菩薩不是嗎？而影子之所以巨大成像，其實是因為映在附近霧上的影子一直延伸到布羅肯幽靈現身之處，才會產生影像巨大的錯覺。

←腳底下的雲海中出現了布羅肯現象。還有一圈光環一直包圍著飛機。這是從飛機窗戶向外拍攝而得的景象。

布羅肯現象 Brocken phenomenon / Brocken specter

　　布羅肯現象是在地形開闊的山頂或稜線上可見的一種光學現象。當人背對太陽站立在上述環境，人影巨大地呈現在腳底下的雲面或霧面上，而且影子的頭部還有一圈圓形光環環繞的現象即所謂的布羅肯現象。

　　布羅肯現象中光環的內圈是紫光，外圈是紅光，是霧或雲滴使光線發生繞射現象而產生。有時光環可以同時出現二圈到三圈之多。另外，搭飛機時也可以觀察到這種現象。

　　布羅肯現象因為經常發生於德國布羅肯山而得名。日本自古以來則視此種光象為佛光瑞象，並稱之為「御來迎」、「御光」或「山御光」。

↑這幅景象宛如鑽石粉末從空氣中飄落而下，是人生中一定要親眼目睹一次的美景。

鑽石塵 diamond dust / ice prisms

　　點點閃光從藍天中飄落而下的夢幻光景稱爲鑽石塵。

　　鑽石塵出現在攝氏零下十幾度的嚴寒地區。在日本，則以北海道等地最爲常見。

　　從天空中飄落下來的，是在大氣中被凍結的水蒸氣，也就是體積非常微小的冰晶。這些冰晶一邊反射陽光而散發出閃亮亮的光芒，一邊在空氣中緩緩落下或飄浮。

　　鑽石塵又有飄降冰晶之稱。另外，如果空氣中飄浮著無數的冰晶，而使能見度低於一公里的現象則稱爲冰霧。

↑閃電從雲中劈到地面。落雷是雲和大地的放電現象。在戶外遇見打雷時，最好要多注意一下自身安全。

雷 thunderstorm

霹靂的閃電（電光）經常和幾乎要震碎天地的雷鳴相偕出現。令多數人心生畏懼的雷，是形體巨大的積雨雲所產生的自然現象，通常發生在降雨之前。

積雨雲好比是一座超大規模的發電廠，雲裡面同時產生了正電和負電，造成巨大的電位差之後，雲就會在原本性質難以導電的空氣中放電，形成了雷。閃電是電在空中奔馳時所產生的火花；雷鳴則是熱氣在空氣中急速膨脹所產生的轟隆巨響。

一般而言，雷通常發生在容易形成積雨雲的夏天。但是在日本海沿岸，冬天到早春之間卻是最容易打雷的時期，而且這種冬雷通常是大雪將至的前兆，而有雪前雷之稱。

217

↑雲中迸出閃電的光芒，在一片闃闇之中，雲體覆上了陰影。由於聲波已經在高空中漫開，所以地面並聽不到雷鳴的聲音。雷光馳騁雲中，照亮闃闇大地的現象，日文稱之為「幕電」。

↑ 出現在朗朗晴空裡的積雲。下空的強烈陽光，讓白雲格外明亮炫目。

晴 fine weather/ fair weather

天空少雲，沒有降雨或降雪的狀態稱爲晴，也可稱爲「晴天」。晴天的白晝，陽光普照，抬頭便可望見藍天；晴天的夜晚，則可以望見月亮或星星在夜空中綻放光芒。

萬里無雲的晴空，僅見於位在高氣壓中心附近的地區。因爲在高氣壓的中心地區，空氣會從高空流往地面，空氣溼度變高，使雲消失。而且在晴朗的夜裡，輻射熱會從地表散失，造成早晚溫度的下降。

氣象局將晴分爲「碧空」和「疏雲」兩種，稱天空完全無雲或目測雲量僅占整片天空 10％以下的狀態爲「碧空」或「快晴」；稱雲量占整片天空 20％至 50％程度的狀態爲「疏雲」或「晴」。

↑ 萬里無雲的快晴五月天。春秋兩季，當移動性高氣壓完全籠罩上空時，就可以出現無雲的碧空。

↑ 多雲的天空。高空幾乎全是卷積雲和卷層雲的天下，眼前的黑雲是低空的層積雲。

陰 cloudy weather

穹蒼之下存在著各式各樣的雲。無論天空是被單一種雲或是被數種雲覆蓋，只要絕大部分的天空被雲遮蔽，而且沒有出現雷電，也沒有降雨或降雪的狀態就是陰天。

在氣象局觀測天氣所使用的術語中，目測雲量占全天空 90％以上的狀態稱爲「陰」。另外，天空上分布最多的雲屬是出現在高空的卷雲、卷積雲或卷層雲的情況，且雲量爲 60％至 90％者，稱爲「裂雲」或「多雲」；

分布雲屬爲上述以外的中下層雲屬，且雲量占 90％以上者，則稱爲「密雲」或「陰」。

或許有人認爲，陰天的天空較晴天的天空少變化。但其實，陰天時，雲底充滿了圖形變化的趣味，有時雲隙間光芒傾瀉帶來美不勝收的光景，而且陰天裡的種種天氣現象還可以作爲天氣預測的依據，陰天的天空可是非常有意思的呢！

↑ 被濃密高層雲籠罩的陰天天空。只要雲量占全天空的九成以上，即使有太陽出現，一樣稱為「陰天」。

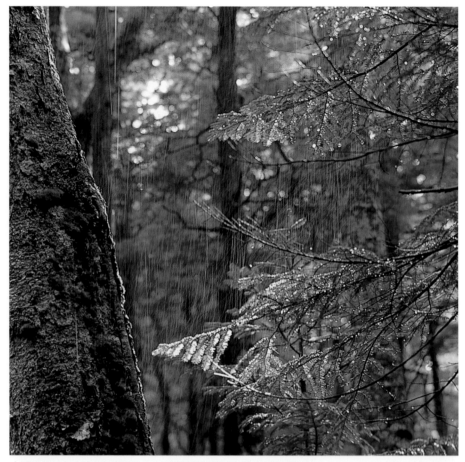

↑ 明亮的天空突然下起雨來。小小雨滴滴落的痕跡有如絹絲般細緻。

雨 rain

從雲降落水滴到地表的現象或降落下來的水滴稱為雨。而雨水滴的真面目則是在雲裡面長大的雲滴。半徑0.1公釐以上的水滴稱為雨滴。大滴雨滴的半徑大約在 2 ～ 3 公釐之間。雨滴半徑在 0.25 公釐以上就是一般的雨，雨滴未達此標準的就是霧雨。

降雨的方式有很多種。雨勢漸哩嘩啦的是陣雨或移行陣雨（驟雨）；在短時間內降下大量雨水的是暴雨；降雨量非常大的是豪雨；此外還有午後雷陣雨、霰、凍雨等多種降雨形式。

日文裡面有許多關於雨的辭語，而且還可依季節分門別類。另外，日文稱無雲晴天所降下的雨為「天泣」或「狐狸出嫁」。

↑煙雨濛濛的森林。雨水滋育植物與農作，是上天賜予大地的貴重禮物。

↑ 剛剛積成的新雪。最表面的雪由於結晶完整尚未被破壞而散發出一閃一閃的光芒。

雪 snow

從天空飄降下來的雪是在雲裡面被製造出來的雪的結晶，形狀呈六角形或柱形，又有被冰花或六花之稱。

雪的結晶是在攝氏零下 20 度以下的雲裡面形成的。水蒸氣凍結到身為雲滴的冰晶上，就成了雪的結晶；雪的結晶繼續附著冰晶雲滴就形成霰；霰自雲底滑落的途中溶化就形成霙或雨。

雪並非只為世界帶來災害，雪也會帶來好處。例如，雪可以結合大氣中的塵粒，具有清靜空氣的功效；積貯在山林裡的雪是大地重要水資源之一，還有春天融雪所帶來的雪水更是滋潤了新芽生長時期的山林大地。

↑ 天空中開始飄雪了。這是一場由雨層雲飄下的雪。這場寒冷刺骨的雪，看來是要持續一陣子才會停了。

↑濃霧籠罩之下寂靜幽玄的世界。才在濃霧裡走沒幾步路，就已經有快要迷路的感覺了。

霧、靄 fog, mist

霧和靄的真面目是飄浮在地表附近空氣中無數的小水滴。霧或靄通常發生在夜晚或清晨，然後隨著太陽升高而蒸散消失。

霧和靄的差別僅在於濃密程度。在氣象觀測中，能見度一公里以下者稱為霧，能見度較一公里佳，密度較稀薄者稱為靄。有時候嚴重的濃霧，能見度連幾公尺都不到。

霧和靄發生在空氣中所挾帶的水蒸氣，或從河、海蒸發出來的水蒸氣受到冷卻的時候。夜間地表冷卻或冷空氣從他處飄流過來，都會使空氣中的水蒸氣凝結成水滴。另外，沿著山坡面攀升的空氣溫度下降之後也會形成霧。

↑ 早晨的陽光射進晨霧之中。從對面投射過來的陽光受到水滴影響而散射開來，使周遭景象染成一片澄黃。

↑ 都會的晨靄。在都會區或盆地，霧或靄容易在晴朗、天氣穩定的夜晚到隔天早晨之間的時間發生。

229

↑ 梅雨時節，因為大雨增加流量而混濁的溪面上，瀰漫著從上流飄流下來在此聚集的霧。這種雨停之後
　所產生的霧，往往很難在短時間之內消失散去。

↑在漫天黃沙中西沉的太陽。在漫天細沙的遮蔽下，太陽光芒黯淡，成了一顆火球。

黃沙 yellow sand

黃沙是指從遙遠中國大陸黃土地帶飛過來的細微沙粒，遮蔽了整面天空，最後沉落地面的現象。這些沙粒在黃土地帶被強烈陣風襲捲到高空後，再受到稱為偏西風的強烈西風吹襲而進入日本的天空。

黃沙經常出現於春天，愈往接近大陸的西日本愈常發生。春季季節語中也有提到它。它也被稱為「霾」。

大量黃沙漫天飛舞的結果，不但會使天空變色成黃色或黃褐色，也會減弱太陽光的亮度，造成視線障礙，引發交通事故等問題。除此之外，體積非常細微的沙粒還會在車體上累積出一片厚厚的灰白沙塵，甚至還會侵入住家之中。

註：塵象泛指空氣中乾燥懸浮物所形成的現象。

4
二十四節氣與季節語

我們人類生活在一片薄薄附著在地球之上的大氣層之下。大氣層裡，在太陽、空氣和地球的各種作用下，豐富的自然在此生生不息。古老的中國人為了替每年週而復始到來的季節訂立一套預知參考的標準，於是制定了稱為二十四節氣的曆法。日本也沿襲這套曆法對於季節的劃分，並創造了許多美麗的季節語。接下來，我們就來一同感受一下二十四節氣中光、風和水的季節語吧！

↑春梅已經早先一步為冬季的天空捎來春天的訊息。這時似乎已經隱隱約約可以感受到春天的氣息！

立春 孟春 國曆 2 月 3-5 日 太陽黃經 315 度

立春的日期大約在國曆 2 月 3、4 或 5 日之間。曆法上的春天是從立春這天開始的。立春的氣溫雖然和隆冬差不多，但就寒冷程度而言，已經是過了最寒冷的時期，所以氣溫是在乍暖還寒之中逐步上升。

這個時節，最容易帶出季節變化感受的，就屬明亮的日光吧！這個時期的春天又稱為「光之春」。此時白晝的長度，就東京周邊而言，已經比冬至多了將近一個小時的時間，太陽的位置已經升高，陽光也變得明亮耀眼。

立春是二十四節氣中的第一個日子。農曆過年大約是在立春前後到來。

註：在此時臺灣地區的白天約比冬至多 30 分鐘。立春也是開始耕種水稻的時刻。

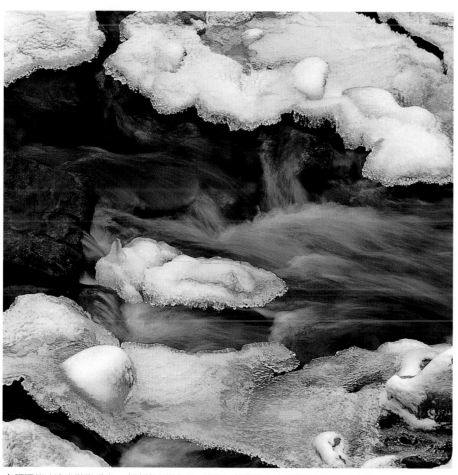

↑ 硬硬的冰塊也融化成水，奔流於山谷之中。這是一股能夠為山野帶來新氣象的水流。

雨水 孟春 國曆 2 月 18 – 19 日 太陽黃經 330 度

雨水的日期大約在國曆 2 月 18 或 19 日之間。雨水是「冰雪融化成水，雪消散成雨」的意思。融化而來的水能滋潤多眠已久的草木，促進植物萌發新芽。

過了雨水這天，二月也就將要結束，氣溫大幅回升。萬木萌芽、紫丁飄香，大地處處都流傳出春天的氣息。初春第一陣強南風自此時吹來，大地呈現欣欣向榮的景象。

註：在臺灣「雨水」春雨綿綿的情形並不明顯。俗諺「雨水連綿是豐年」是開始耕作的農夫對雨水下雨預測豐收的意思。

↑ 木賊早早就從平地的原野上探出身子來了。驚蟄一到，原野又恢復成綠油油的景象。

驚蟄 國曆 3 月 5-6 日 太陽黃經 345 度

驚蟄的日期大約在國曆 3 月 5 或 6 日之間。驚蟄是三月第一個節氣。時節進入驚蟄，就可以感受到真正的春天就快來臨了。驚蟄的蟄是蟄蟲的意思，更白話地說，也就是隱匿在土壤裡面的小蟲或小動物的意思。驚蟄代表「冬天期間隱匿冬眠的小動物挖開藏身的洞穴，再度出來外面的世界活動」。當然，動物們會依照種類、棲地，還有該年的氣候狀況，自行調整復出活動的時間。

另外，驚蟄時期多春雷。立春之後的第一聲雷素有「驚蟄雷」之稱，能把昆蟲或動物震出洞穴之外。

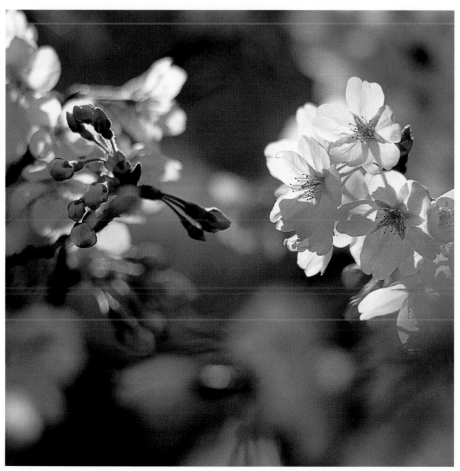

↑ 櫻花一開，周遭景物也齊身換上了春裝。雖然氣溫仍低，但大地已是一片春光明媚。

春分 仲春 國曆 3 月 21-22 日 太陽黃經 0 度

春分的日期大約在國曆 3 月 21 或 22 日。在春分這天，太陽會從正東昇起，從正西落下，而且白天與黑夜的時間幾乎等長。中國的曆法以立春為春天之始，而歐洲則是以春分作為春天之始。

春分當日和其前後三日，總共一週的時間，稱為「春之彼岸」，有所謂「寒暑皆到彼岸為止」之說，真正的春天就此拉開序幕。氣溫上升率從春分開始到四月上旬期間會達到最高峰，而櫻花綻放的訊息也是在這期間陸續自各地傳出。

註：俗諺「春分，日夜對分」正是對春分的最佳說明。

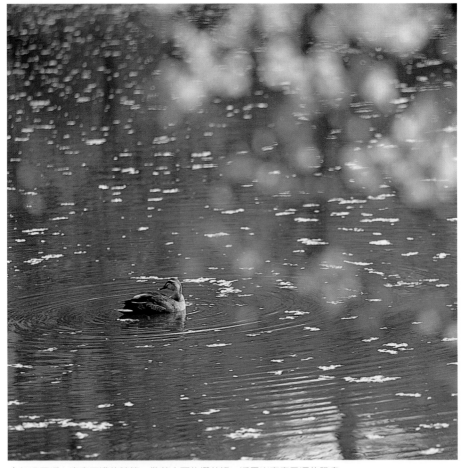

↑ 氣溫回暖，春意正濃的時節。散落水面的櫻花瓣，透露出春意已深的訊息。

清明 國曆 4 月 4-6 日　太陽黃經十五度

　　清明的日期大約在國曆 4 月 4 到 6 日之間。清明二字擷取自清靜明潔，是「萬物清靜明潔，氣清景明」的意思。時節進入清明，就可以說是進入陽春了。此時各地櫻花盛開，各地也開始可見到燕子的蹤影。

　　在天氣方面，有時正在猜想是不是大地又吹來寒冷的北風而已，結果馬上又改吹起溫暖的南風；天氣稍微還處在不安定狀態。而這種現象，乃是因為低氣壓每隔三、四日便通過一次所致。在暮春的季節語裡面，例如「花陰」、「花冷」等，形容天意易變的詞語很多。

註：清明也是掃墓祭祖之節日，在此時有俗稱「清明鳥」的灰面鵟與「清明蝶」的紫斑蝶陸續北返。

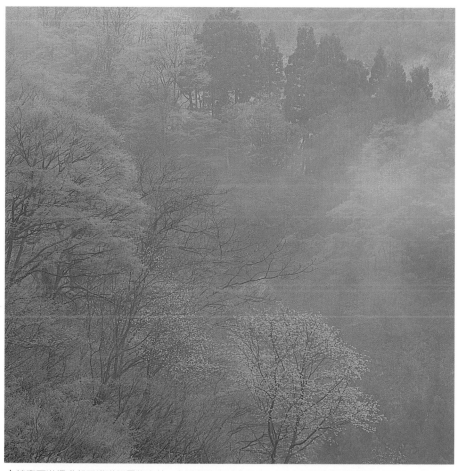

↑ 被春雨淋得升起了濛濛煙霧的森林。在溫暖的春天空氣中，可以感受到溼潤的氣息。

穀雨 暮春 國曆 4 月 19-21 日 太陽黃經 30 度

穀雨的日期大約在國曆 4 月 19、20 或 21 日之間。穀雨是「雨水滋潤百穀，滋長新芽」的意思。這時節的雨，雨絲綿細，雨勢安靜持續，也就是人稱的春雨吧。

穀雨是春天的最後一個節氣。在氣候上，春天已經過了大半，這時的大地被五彩繽紛的花朵和新綠妝點得非常美麗。

過了穀雨，就可以準備迎接黃金週 * 的到來了。歌詞「夏日也近的八十八夜」的日期大約是 5 月 2 日左右。據說在這一時期，天空經常會突如其來地降下晚霜，所以才特別訂出這一個日子，提醒農家注意避開農害。

註：黃金週為日本五月的連續假期。

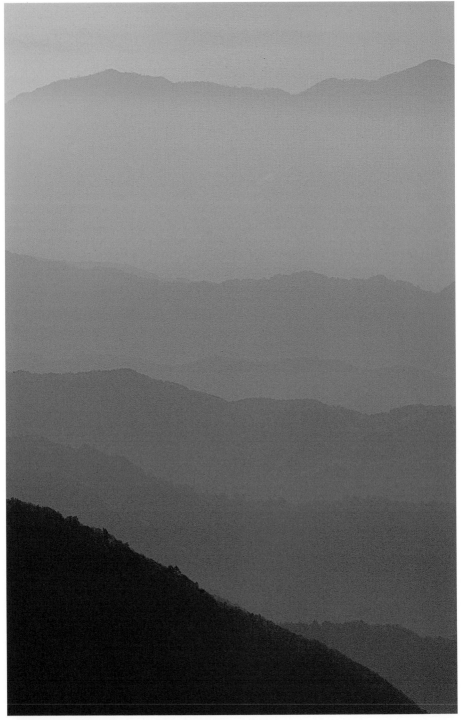

↑ 春霞飄蕩如水墨畫般的山景。「霞」是春天（三春＊）的季節語。不過這個字眼並不被作為氣象觀測
術語使用。譯註・三春：泛指孟春、仲春與暮春。

花冷

　　暮春的季節語。「花冷」是在形容櫻花季裡，天氣突然暫時轉冷的現象，是一句帶有春天天氣不穩定意象的詞語。

　　春天，剛好是多季季風要轉換成夏季季風的交界季節，從大陸吹來的寒冷北風和從太平洋吹來的溫暖南風在日本附近交會，因此天氣總是乍暖還寒。如果北風和南風互相衝折之處所形成的鋒面北上，就會吹起南風，帶來溫暖的春季晴天。相反的，如果這道鋒面南下穿過日本，就會吹起多天的北風，形成花季冷天。

↑ 櫻花季裡陰天的天空。春天的天氣總是陰晴不定。櫻花季裡下的雨稱為「花雨（暮春）」。

花陰

　　暮春的季節語。花陰形容的是經常出現在櫻花季裡陰沉灰濛的陰天天空，以及容易陰天的天氣。候鳥北歸時的陰天稱為「鳥陰（仲春）」；北海道進入青魚季時的陰天稱為「鰊陰（暮春）」。

朧

　　春季的季節語。「朧」原本是形容狀態模糊的字眼，但這個字也給人溫和暖和的春季空氣的印象。在歲時記中，春霧為「霞」，夜霞為「朧」。被雲所蔽的月稱為「朧月」，而朧月出現的夜晚稱為「朧月夜」。

↑ 第一陣春風宣告著春天的來臨。自江戶時代起,西日本的漁民就懂得嚴防第一陣春風可能帶來的海上災難。

第一陣春風

仲春的季節語。氣候要從冬天轉變成春天時所吹起的第一道溫暖南風稱爲「第一陣春風」。

當第一道春風吹起,天氣雖然會瞬間回暖,但這個暖天氣通常只能持續上半天或一天,隔天馬上又恢復了往常的寒冷。

日本海上的大型低氣壓發達以後會往東北方前進,冬天類型的氣壓分布被破壞以後就會吹起第一陣春風。由於風勢強勁,時常使海上或山區氣象變得狂暴惡劣。

日文將第一陣春風寫作「春一番」,又作「春一」。繼第一陣春風之後的第二陣、第三陣南風則爲「春二番」、「春三番」。

春疾風

春季(三春)的季節語。春季暴風是指春天裡突然颳起的強風。通常伴隨冷鋒通過而來,同時帶來碩大的雨滴和雷鳴。春天經常颳起這類型的陣風。春疾風颳起後會形成「春季暴風雨」;暴風雨過後天氣放晴,轉變成「花冷」型的天氣。

東風

春季的季節語。東風是指入春之後吹起的和緩東風或東北風。在曆法或詩歌的世界中,東風被視爲「融解冰雪,促花開,宣告春天到來的風」。但事實上,東風並非在春天裡面占有特別重要地位的風。

春雨

春季的季節語。春雨是指，在沒有風的春日中，淅淅瀝瀝地安靜地下個不停的綿綿細雨。春天還有諸如：「春驟雨（暮春）」、澆淋櫻花的「花雨（暮春）」，以及霢雨霏霏的「春霖」等，圍繞著雨的話題打轉的季節雨。

春時雨

春季的季節語。「時雨（譯註：秋冬之際的陣雨）」二字是冬天專屬的季節語，所以在提及春天的時雨時，就要特別冠上春字，說成「春時雨」以茲區別。時雨是一種忽下忽停，反覆停、降的雨。出現於積雲或積雨雲或飄過天空的時候。

菜籽梅雨

暮春的季節語。三月下旬到四月之間的天氣，經常會像梅雨季一樣，陰雨天氣一連數天無間斷。這段期間之內的連日陰雨稱為「菜籽梅雨」，因為經常下在油菜花開的時節而得名。

菜籽梅雨出現在春季高氣壓通過東北地區或北海道的時候。這時，鋒面會停滯在南方的海上，在日本關東以西至太平洋沿岸地帶造成連日的陰天或雨勢綿細持續的雨天。

古代（日文中）與菜籽梅雨同音異字的「菜籽露」則是指三月到四月之間所吹起的東南風。

↑淋溼櫻花花瓣的「春雨」。春雨被視為能滋長草木，促進草木孕育新芽、綻放花朵。

淡雪

春季的季節語。春天，在溫暖的天氣裡所下的雪，是六角形或柱狀的雪的結晶互相連結在一起所形成的大片雪片。即使造成積雪現象，也很快就會融化。這種狀態的雪即為「淡雪」，又有「牡丹雪」、「綿雪」、「帷雪」和「闊刀雪」等名稱。

春雷

春季的季節語。雖然雷多半發生於夏天，但是也有機會出現在春天或冬天。春雷是在春天造成雷響的雷，又有「驚蟄雷」、「初雷」之稱。春雷是冷鋒過境下積雨雲的產物。春雷有時也會併發冰雹，對農作物或園藝植物造成損害。

↑在播種前先被漲滿水的春季田地。這幅光景在暮春非常常見。

忘霜

暮春的季節語。指的是四月下旬到五月上旬左右所降的霜。又有「遲霜」、「暮霜」之稱。是冷氣團來襲或夜間輻射冷卻所引起。經常在因為天氣暖和而忽略天氣變化時降臨，造成農作物或植物的災情。另外，春天最後一次降下的霜稱為「終霜」。

焚風

暮春的季節語。溼潤空氣在攀越山脈的過程中，在山的迎風面降下雨水，而以乾燥空氣下山，造成山的背風面溫度異常升高的現象稱為焚風現象。多半發生於春季，是火災形成的原因之一。焚風一詞發源於德國阿爾卑斯山地區。

■ 二十四節氣與七十二候表——春季

季節	春					
	孟春		仲春		暮春	
氣節	正月節	正月中	二月節	二月中	三月節	三月中
節氣	立春	雨水	驚蟄	春分	清明	穀雨
日期（大約）	二月四日	二月十九日	三月六日	三月二十一日	四月五日	四月二十日
太陽黃經	三一五度	三三〇度	三四五度	〇度	一五度	三〇度
七十二候（初候）	初候	初候	初候	初候	初候	初候
日期（大約）	二月四日至八日	二月十九日至二十三日	三月六日至十日	三月二十一日至二十五日	四月五日至九日	四月二十日至二十四日
七十二候解說	東風解凍	土脉潤起	蟄蟲啓戶	雀始巢	玄鳥至	葭始生
七十二候（次候）	次候	次候	次候	次候	次候	次候
日期（大約）	二月九日至十三日	二月二十四日至二十八日（歷年）	三月十一日至十五日	三月二十六日至三十日	四月十日至十四日	四月二十五日至二十九日
七十二候解說	黃鶯睍睆	霞始靆	桃始笑	櫻始開	鴻雁北	霜止出苗
七十二候（末候）	末候	末候	末候	末候	末候	末候
日期（大約）	二月十四日至十八日	三月一日至五日	三月十六日至二十日	三月三十一日至四月四日	四月十五日至十九日	四月三十日至五月四日
七十二候解說	魚上冰	草木萌動	菜蟲化蝶	雷乃發聲	虹始見	牡丹華

↑ 七十二候乃是將二十四節氣中的各個節氣細分成三，大約每五日為一個時候。每一個時候都擁有各自的名稱。七十二候作成於中國的春秋時代，而後傳入日本。

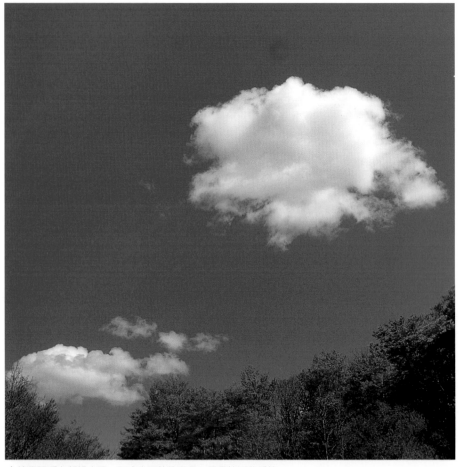

↑積雲飄浮在新綠山頭。不冷也不熱的五月，是最快活的季節。

立夏 初夏 國曆 5 月 5-7 日 太陽黃經 45 度

立夏的日期大約在國曆 5 月 5、6 或 7 日之間。時節進入立夏，夏天就算開始了。立夏的時間剛好在黃金週的尾聲。立夏時，美麗的嫩葉覆滿山野，迎面徐風宜人；各山林間開始傳出布穀鳥的布穀鳴聲；市街上擺滿了康乃馨以及其他燦爛的花朵，溫馨地迎接著母親節的到來。

在北海道地區，暮春才在立夏時節遲遲到來，催促北海道的櫻花綻開花朵，招來燕子飛翔。相反地，在沖繩島或奄美大島，依照歷年情形，到了 5 月 11 日時就已經進入梅雨季節了。

註：在臺灣，每年五、六月為梅雨季。

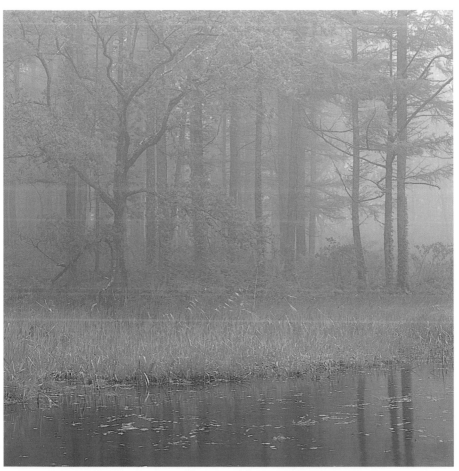

↑霧氣將淺淺的綠團團包圍。清爽宜人的時節已經接近尾聲，梅雨的腳步已經不遠了。

小滿 初夏 國曆 5 月 20-22 日 太陽黃經 60 度

　　小滿的日期大約在國曆 5 月 20、21 或 22 日之間，是「陽氣興盛，萬物成長終至小滿狀態」的意思。

　　時節走到小滿，差不多要注意梅雨將至了。五月中旬到下旬期間，雖然還未進入梅雨期，但是南岸已經開始有鋒面停滯，天氣有時也會變得像梅雨季時的天氣。這種天氣稱為「梅雨先鋒」。

　　從小滿到夏至還有一個月的時間。白天天氣好的時候，太陽高掛天空，讓人察覺到落在街道上的影子已經比日前濃重許多。日落的時間也變晚了，在東京的週邊地區，天色到下午七點左右都還很亮呢！

　　註：臺灣在此時已進入梅雨季節。

↑ 被水雨淋溼的綠葉更顯鮮翠。令人鬱悶的梅雨是上天賜給山野和農作物的恩惠。

芒種 仲夏 國曆 6 月 5-7 日 太陽黃經 75 度

芒種的日期大約在國曆 6 月 5、6 或 7 日之間，是「播種有芒穀物種子的時節」的意思。芒，是禾草科植物花朵類似針狀突出的部分，也就是指稻子或小麥的種子部分。

時節過了芒種之後，各地便會相繼傳出進入梅雨季的消息。關於梅雨時節的開始，九州南部大約在 6 月 2 日，九州北部至近畿一帶大約在 6 月 8 日，東海至關東一帶大約在 6 月 9 日，東北北部大約在 6 月 14 日。

曆法上的「入梅」，大約在太陽進入黃道 80 度，日期上大約是在 6 月 11 日左右。芒種是古代預測最佳播種時期的參考。

註：俗諺「四月芒種、五月無乾土」正說明著芒種下雨延續到五月的梅雨季。

↑ 現身於二陣雨之間的夏至太陽（正午）。太陽會在夏至這天昇到天頂最高的位置，而這時的日蔭則是一年之中最濃最短的（請參閱 **P.273**）。

夏至 仲夏 國曆 6 月 20-22 日 太陽黃經 90 度

夏至的日期大約在國曆 6 月 20、21 或 22 日之間。夏至這天的白晝時間是一年中最長的一天。東京一帶的日出時間是上午四點二十五分，日落時間是下午七點，到下午七點半左右還可以維持微亮的天色。白晝時間達十四小時又三十五分鐘。

絕大多數的地區到了夏至時期正巧處在梅雨最盛的時候。有機會遇到梅雨午休時不妨抬頭望一下天空，然後再低頭探一下地面，便可發覺天上陽光的烈得驚人，地上日蔭也濃得驚人。

國曆 7 月 2 日左右是農曆曆法中的「半夏生」。半夏生是中藥植物半夏生長的時節，被視爲結束插秧作業的日子。

註：在臺灣，夏至這天白晝長達約 13 小時 37 分。

↑ 大雨混濁了河川。梅雨季的後半時期經常發生集中豪雨而引起災害，必須多加注意。

小暑 暮夏 國曆 7 月 6-8 日 太陽黃經 105 度

小暑的時間大約在國曆 7 月 6、7 或 8 日之間。過了夏至之後，雖然白晝的長度日漸減短，但氣候卻正值轉變成真正的夏天之際，是一個氣溫日漸升高的時期。

到了 7 月，梅雨季就走進了後半期。這時的雨勢已和前半時期綿綿細細地下個不停的那種雨不同，開始會在中間穿插幾段中場休息，雨勢也變成滴瀝嘩啦的那種大雨了。然後，天空開始一會兒陽光普照，一會兒雨水澆淋，偶爾還傳出幾聲雷響，最後，梅雨突然說停就停了。

有關歷年梅雨停止的時間，九州南部在 7 月 13 日，近畿或關東地區則是在 7 月 19 日到 20 日之間。

註：臺灣開始進入颱風旺季。

↑ 夏季天空裡的濃積雲群峰。

大暑 暮夏 國曆 7 月 22-24 日 太陽黃經 120 度

大暑的日期大約在國曆 7 月 22、23 或 24 日。大暑在曆法裡是夏天最後一個節氣。但如果以實際的氣候狀況來說，天氣才準備要進入眞正的夏天而已。令人睏悶的梅雨已經離開，四射的陽光炫目明亮，蟬鳴也熱鬧起來。大暑是一年之中氣溫最熱的日子，白天氣溫超過 30 度的盛夏天氣也日漸變多。此時學校開始放暑假，假期讓海濱或山間的遊客絡繹不絕。

另外，夏土用＊開始的 7 月 21 日左右起到立秋前一天的 8 月 7 日左右稱爲「盛夏」。而每年盛夏季節，親友捎來的問候明信片總是叫人期待！

註：土用：因五行思想所訂立的季節分類，指各季節終了前的十八天。土用期間土氣正盛，忌動土。

↑最適合「夏空」的雲，就是畫面中這種白色的積雲吧！

五月晴

　　仲夏的季節語。農曆五月是梅雨為旺盛的月份。「五月晴」原指梅雨時節，在兩場雨之間出現的晴天。現代則是指新綠鮮碧，心情爽朗的五月晴天。只是令人意外的是，五月份晴天的日數並不多。

五月雨

　　仲夏的季節雨。五月雨指的是農曆五月所降的雨，尤指梅雨時節所下的雨，又稱為「杜鵑花雨」。另外，梅雨時節白天光線陰暗的現象，或沒有月亮的夜晚稱為「五月闇（仲夏）」。梅雨時節的陰暗天空通常是受到寒冷東北風「山背風」影響的結果。

↑六月到七月是除了北海道以外日本各地的雨季。溫暖溼潤的西南風和寒冷潮溼的東北風會在這期間交會，形成梅雨。

梅雨

　　仲夏的季節語。又稱為「霉雨」。入梅在日曆上的日期是 6 月 11 日左右。實際進入梅雨期的日期會因為該年的氣候情況或該地的地理因素而異，主要取決於氣壓的分布情形或日照時間。

　　和梅雨有關的詞語相當多。正式進入梅雨期以前，雨要下不下的天氣持續數日的現象稱為「梅雨先鋒（孟夏）」；梅雨期卻不下雨的現象稱為「空梅雨（仲夏）」；受寒冷東北風影響所造成的梅雨期冷天氣稱為「梅雨寒（仲夏）」；梅雨將停前的大雨稱為「送行梅雨（暮夏）」。

↑積雲飄過插秧作業結束之後的夏空。夏天的風通常從南邊或西南邊吹來。在四季分明且季風吹拂的日本，各地給風命名特屬於當地的稱呼。

青風暴

夏季的季節語。在植物長出嫩葉或綠葉時來襲，能使樹梢搖晃，風勁稍強的風。沒有固定的吹襲時間，泛指在 5 月到 7 月之間吹襲的風。5 月裡的這種風稱爲「5 月暴風雨」。

真風

夏季的季節語。是夏季風，是爲南邊吹來的風所取的稱呼。溫和且飽含溼氣。是瀨戶內到伊豆一帶太平洋沿岸地區人民的用語。

南風

夏季的季節語。夏天從南方吹來的季風的名字。風勢不強，溫暖而潮溼。

關東以北太平洋沿岸地區的人民直接稱南風爲「南」。九州西部至山陰一帶對於南風則另有一個同字異音的稱呼。另外，也有部分其他地區稱夏季風爲左述的「眞風」。

上面所介紹的「南」、「南風」或「眞風」都是地方的漁民或有乘船習俗的民眾的用語。總而言之，南風是備受眾人喜愛的溫和順風。

黑南風

　　仲夏的季節語。黑南風指在梅雨初期，自籠罩天際的黑暗雨雲之下吹過的南風。名稱中的「黑」字，或許是受到梅雨期潮溼鬱悶的天氣的影響，才給「南風」多冠上一個黑字而來的吧。在梅雨期後半期，伴隨豪雨颳起的南風稱為「狂南風」。

白南風

　　暮夏的季節語。白南風是梅雨停歇後吹起的南風。也有其他同字義音的說法。白南風指的是在盛夏時來訪，晴朗藍天之下所吹起的南風。是相對於梅雨前期的「黑南風」而來的名詞。不過這類南風大多同屬於西南風。

山背風

　　夏季的季節語。原指攀越山頭後吹向下坡的夏季東風。現代則指北日本地區，初夏到盛夏之間所颳起的冷冽東北風。這種風是從顎霍次克海上的高氣壓吹出來的，經常引發寒害。

傍晚無風

　　暮夏的季節語。海邊的風向早晚不同，白天吹海風，晚上吹陸風。無風即是指海陸風交替的清晨和傍晚時的無風狀態。而白晝熱氣仍然殘留在地表的夏季傍晚無風時段，由於空氣不流通，天氣會較平常暑熱。

↑ 形成午後雷陣雨的積雨雲中閃現一道閃電，這種現象稱為「幕電」。

午後雷陣雨

夏季的季節語。午後雷陣雨即夏季午後，由積雨雲或濃積雲所降下的大雨。大雨大約狂下一到兩個小時之後就會停止。由於發生時間多於下午而得名。其他還有「白雨」以及兩個同字異音的稱呼。

會帶來午後雷陣雨的積雨雲或積雲雖然經常靠著夏天酷熱的日光壯大發展，不過在夏季以外的季節也可見到。午後雷陣雨發生以後經常也會有雷鳴、雹或霰。

像午後雷陣雨這樣，雨珠碩大，下雨時間短暫，雨聲淅瀝嘩啦的有「陣雨」、「村雨」、「驟雨」。

雲峰

夏季的季節語。雲峰是指擁有團團隆起的上部結構，而且雲朵與雲朵之間相連如山峰的濃積雲或積雨雲（請參閱 P.92）。初夏降下的冰雹、梅雨期的豪雨和梅雨結束時的午後雷陣雨，主要都是積雨雲所形成的產物。

冰雹

夏季的季節語。冰雹是從積雨雲上降下來，直徑達 5 公釐以上的冰塊。經常伴隨雷或雨一起出現。經常在新綠成長的初夏，或在農作物、植物的生長期間降下，而造成大規模的損失。

二十四節氣與七十二候表——夏季

季節	夏					
	孟夏		仲夏		暮夏	
氣節	四月節	四月中	五月節	五月中	六月節	六月中
節氣	立夏	小滿	芒種	夏至	小暑	大暑
日期（大約）	五月五日	五月二十一日	六月六日	六月二十一日	七月七日	七月二十三日
太陽黃經	四五度	六十度	七五度	九十度	一百〇五度	一百二十度
七十二候	初候 / 次候 / 末候	初候 / 次候 / 末候	初候 / 次候 / 末候	初候 / 次候 / 末候	初候 / 次候 / 末候	初候 / 次候 / 末候
日期（大約）	五月五日至九日 / 五月十日至十四日 / 五月十五日至二十日	五月二十一日至二十五日 / 五月二十六日至三十日 / 五月三十一日至六月五日	六月六日至十日 / 六月十一日至十五日 / 六月十六日至二十日	六月二十一日至二十六日 / 六月二十七日至七月一日 / 七月二日至六日	七月七日至十一日 / 七月十二日至十六日 / 七月十七日至二十二日	七月二十三日至二十八日 / 七月二十九日至八月二日 / 八月三日至七日
七十二候解說	蛙始鳴 / 蚯蚓出 / 竹笋生	蠶起食桑 / 紅花榮 / 麥秋至	螳螂生 / 腐草為螢 / 梅子黃	乃東枯 / 菖蒲華 / 半夏生	溫風至 / 蓮始開 / 鷹乃學習	桐始結花 / 土潤溽暑 / 大雨時行

↑ 七十二候乃是將二十四節氣中的各個節氣細分成三，大約每五日為一個時候而來。每一個時候都擁有各自的名稱。七十二候作成於中國的春秋時代，而後傳入日本。

↑雖然秋天已至，但是夏天的殘暑仍然讓天氣酷熱難耐，熱到讓人懷疑是不是頭上的雲把熱氣從別的地方帶了過來。

立秋 孟秋 國曆 8 月 7-9 日 太陽黃經 135 度

立秋的日期大約在國曆 8 月 7、8 或 9 日。曆法訂定這天為秋天的開始。立秋之後的暑熱之氣稱為「殘暑」，所以從立秋開始，就必須把明信片上暑期問候的字眼改稱成殘暑問候了。

立秋正巧好發生在暑假放到一半的時候。一天一天上升的氣溫會在這天達到全年最高溫，而且炎熱天氣還會繼續持續下去。不過儘管炎熱依然，空氣裡傳來的蟬鳴、早晚捎來的涼風和天空上的雲都已經能讓人感受到秋天悄悄接近的訊息。

說起立秋的大事，就是迎祖靈回家，以及延後一個月改在國曆的同一天舉行的盂蘭盆祭了。盂蘭盆祭的太鼓聲彷彿是在宣告著夏天已經結束的聲音。

↑ 躲到高山上去避暑的紅蜻蜓，乘著夏天進入尾聲時吹起的風再度回到平地，為人們捎來秋天的音信。

處暑 初秋 國曆 8 月 22-24 日 太陽黃經 150 度

處暑大約在國曆 8 月 22、23 或 24 日左右來到。處暑是「暑熱將潛處」的意思。雖然有幾年比較特別，還有殘暑殘延到處暑之後，但普遍過了處暑之後，秋天的氣息就已經很明顯了。和夏至時比起來，東京附近的日落會提早三十分鐘以上，白天的陽光也不再那麼強烈。從北方開始開放

的芒花正在越過本州地區繼續往南邊土地開放。

從立春算起第 210 天的國曆 9 月 1 日左右，稱為「二百一十日」。這一天是為了提醒名眾防範颱風、保護稻作而制訂的日子。

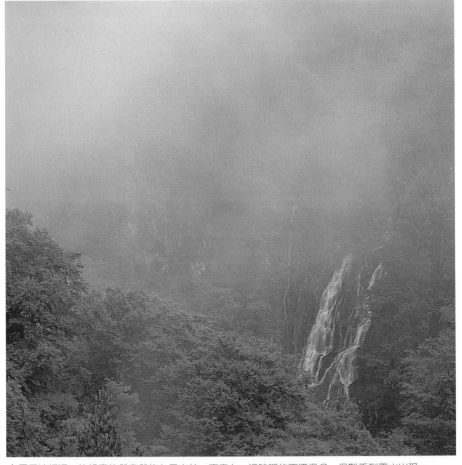

↑ 霧雲流經這一片綠意依然盎然的九月山林。事實上，這時期的雨還很多，很難看到露水出現。

白露 仲秋 國曆 9 月 7-9 日 太陽黃經 165 度

　　白露大約在國曆 9 月 7、8 或 9 日到來。白露是「露水泛白」的意思。曆法上的這個時節，早晚空氣較冷，容易凝露。在氣候上，這時季節已經進入秋天，晚間已可聽到蟋蟀或鐘蟋的鳴唱聲了。這時，夏季時籠罩在日本上空的太平洋高氣壓已經開始南下，換來秋季霪雨。

　　出現在國曆 9 月 8 日到 10 月 7 日期間的滿月之夜稱為「秋十五夜」。另外，從立秋算起第 220 天的節日——「二百二十日」大約是在 9 月 10 日左右，是颱風會接在「二百一十日」之後來臨的厄日。

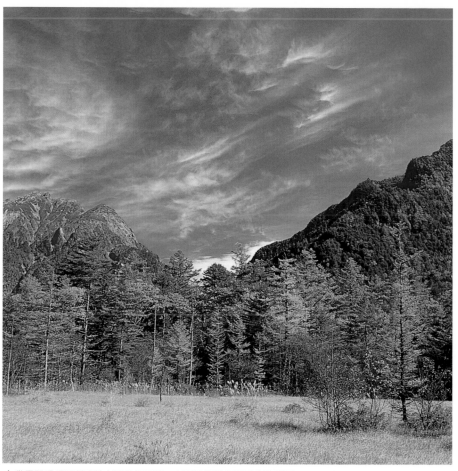

↑ 卷雲飄過長野縣高地上澄澈的天空。山區已經進入真正的秋季了。

秋分 仲秋 國曆 9 月 22-24 日 太陽黃經 180 度

　　秋分大約在國曆 9 月 22、23 或 24 日。和在三月來臨的春分一樣，這一天的晝夜時間大致等長。然後從秋分以後，夜晚的時間會漸漸大於白晝的時間。

　　雖然春分和秋分這兩天的日夜時間大致等長，但日夜溫差卻達攝氏 12 至 13 度之多，而且尤以秋分的溫差為大。秋分時的空氣裡還大量積存著盛夏時節的太陽熱氣。相反的，春分時的空氣則是仍然大量挾帶著冬季的寒氣。

　　秋分這天和前後三天的這一段期間稱為「秋的彼岸」。無論暑氣或寒氣皆在彼岸，因此是冷熱適中的宜人好天氣。

↑ 收割完的稻田裡降下了朝露。即使在平地，也幾經可以深刻感受到清晨和入夜時的寒冷天氣。

寒露 晚秋 國曆 10 月 7-9 日 太陽黃經 195 度

寒露大約在 10 月 7、8 或 9 日。寒露是「降於草木之露寒冷，將要凝結成霜」的意思。在實際的氣候上，秋天已在這時正式到來，九月以來連綿持續的秋季霖雨宣告停止，天清氣爽的秋日晴天開始多了。早晚的溫度大約是在皮膚直接接觸空氣會覺得沁涼微寒的程度。但是，由於秋天的好天氣是頻繁到訪的移動高氣壓所賜，並不會長久持續下去，天氣容易發生變化。

寒露過後，就可以在北海道的部分地區看到初霜，而燕子則會自九州地區撤出。

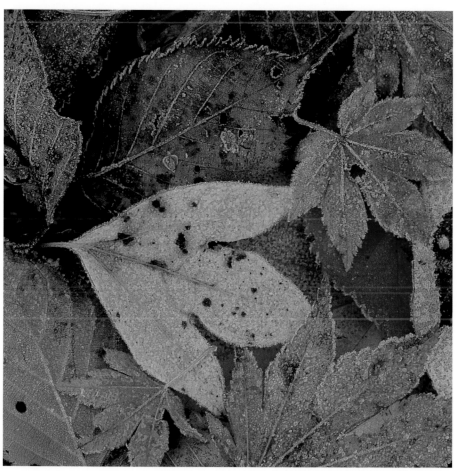

↑ 為落葉妝點色彩的初霜。在北方地區或山岳地帶，已經可以感受到冬天的氣息了。霜容易在發生在晴天之日。

霜降 晚秋 國曆 10 月 23-24 日 太陽黃經 210 度

霜降大約在 10 月 23 或 24 日。霜降是「露凝結成霜而降」的意思。

之前早晚溼潤草木的水滴狀態的露，受到天氣轉寒的影響，凝結成性質為冰的霜。秋意正是在這種天氣之下日漸濃厚起來。在曆法上，霜降是秋天的最後一個節氣。

在日本，真正會在霜降時節降霜的是北海道和中部地方。銀杏的葉子也是從那些地方開始變黃。東京歷年來的第一場霜降，則是到十二月上旬才會出現。不過這時的山野已經被紅葉妝點得紅豔動人，當年度的第一場雪也從北方開始陸續降下。這時正是各地菊花展盛大開展的時節。

↑蜂巢狀的卷積雲出現在秋季蔚藍的天空中。卷積雲又有「沙丁魚雲」、「青花魚雲」的俗稱，而這
　兩種俗稱都算是秋天的季節語。

↑ 溼潤紅葉的秋雨。拍攝時間在曆法上已經屬於仲秋時節，但在真實的氣候狀況上卻才屬於初秋階段而已。這個時節裡的雨量會比夏天還來得多。

秋霖

秋季（三秋）的季節語。秋霖是指從九月半開始到十月上旬期間，天色動不動就變得陰沉，而且常有小雨持續落下的陰雨天氣，又有「秋天的霖雨」之稱。在夏天已然結束的這個時節，氣壓的分布情形變得和梅雨期時相同，日本南岸有鋒面停滯。因此，不明確的天候狀況會在這時節中持續著。這道鋒面稱為「秋雨鋒面」。秋雨鋒面，是在夏季期間北上的梅雨鋒面再度南下而來的。和梅雨鋒面不同的是，秋雨鋒面為東日本帶來的雨量會多過於西日本。不過，過去也有幾年在這時節中創下沒有雨水的紀錄。

秋晴

秋季（三秋）的季節語。晴空朝四面八方展開的秋季好天氣稱為「秋晴」。秋季天氣清爽澄淨，晴朗日子裡的秋季天空看起來總是格外地高遠。秋晴持續出現在秋季霖雨──秋霖結束以後；在日期上，一般約是從十月中開始。

↑ 紅葉是最能襯托秋季晴空的景物。

↑颱風帶來的大浪。儘管颱風距離尚遠，但在暴風圈下生成的洶湧波濤已在整個海面肆虐開來，化成高大的巨浪襲打著岸邊。波浪碎裂所造成的轟隆聲震撼著天地。

裂野風

仲秋的季節語。「裂野風」是指秋天所颳起的暴風，颱風或伴隨颱風而至的暴風都是所謂的裂野風。因為「草木在其吹襲之下飄零散亂」而得名。

被稱為裂野風的颱風，形成於遙遠南方海上的熱帶低氣壓，最大風速高達每秒 17.2 公尺以上。這種颱風大約在 6 月到 10 月之間接近日本，為日本帶來大雨、暴風等天然災害。在這段期間中，尤以九月最容易有大型颱風接近日本。

在曆法上，「二百一十日」和「二百二十日」都被解作為颱風來襲，天候異於平常的日子。

過山風

　　仲秋的季節語，又有山背風之稱。是颱風或暴風所帶來的強風，也被稱爲從山上吹落下來的風。過山風這個名稱主要爲瀨戶內海沿岸或愛媛縣居民所使用；關東地方居民則稱自東南方來襲的颱風所帶來的強風爲「男子漢風（仲夏）」。

註：過山風又稱夾雨涼風。

雁渡風

　　仲秋的季節語。雁渡風是指九月到十月期間吹起的北風，因爲時值雁鳥飛渡而得名，又有「青北風」之稱。雁渡風最初會伴雨一起出現，然後在放晴之後繼續吹拂於晴空之下。雁渡風一起，氣候就會突然充滿秋天的氣息。是季節從夏天過渡到多天期間所吹起的風。

↑ 狗尾草上的朝露。朝露常見於天晴，無風的早晨。

露水

秋季的季節語。露是指在氣溫低寒的秋天早晨，溼潤草木或物體表面的水滴，是空氣中的水蒸氣遇冷凝結而成。

其實露水全年皆可見，其中尤以秋天最為常見。秋天尚存著夏天的暑熱氣息，白天還是持續著夏天般高溫、高溼的天氣。因此在晝夜溫差顯著的天氣條件下，很容易有露水形成。

例如：「白露」、「朝露」、「夜露」、「上露」、「下露」、「露珠」、「初露」等，和露水相關的季節語可謂不勝枚舉。

露霜

晚秋的季節語。露霜是指露結凍如霜的現象，或指露的本身。其他，也有將快要融化的淡霜，或是容易消融的霜稱為露霜的說法，也有將此類現象稱為「水霜」的說法。和「露水」比起來，這句季節語更能代表寒意已深的秋天。

露寒

晚秋的季節語。大地不止凝降露水，還凍結冰霜的寒冷程度稱為「露寒」。從十月下旬開始到十一月下旬期間，氣溫常會在曆法認定的秋天進入尾聲之後立刻驟降下來，讓人感受天氣的寒冷。

二十四節氣與七十二候表——秋季

季節	秋（孟秋）	秋（孟秋）	秋（仲秋）	秋（仲秋）	秋（暮秋）	秋（暮秋）
氣節	七月節	七月中	八月節	八月中	九月節	九月中
節氣	立秋	處暑	白露	秋分	寒露	霜降
日期（大約）	八月八日	八月二十三日	九月八日	九月十三日	十月九日	十月十四日
太陽黃經	一百三十五度	一百五十度	一百六十五度	一百八十度	一百九十五度	二百一十度
七十二候（初候／次候／末候）	初候／次候／末候	初候／次候／末候	初候／次候／末候	初候／次候／末候	初候／次候／末候	初候／次候／末候
日期（大約）初候	八月八日至十二日	八月二十三日至二十七日	九月八日至十二日	九月二十三日至二十七日	十月九日至十三日	十月二十四日至二十八日
日期（大約）次候	八月十三日至十七日	八月二十八日至九月二日	九月十三日至十七日	九月二十八日至十月二日	十月十四日至十八日	十月二十九日至十一月二日
日期（大約）末候	八月十八日至二十二日	九月三日至七日	九月十八日至二十二日	十月三日至八日	十月十九日至二十三日	十一月三日至七日
七十二候解說 初候	涼風至	綿柎開	草露白	雷乃收聲	鴻雁來	霜始降
七十二候解說 次候	寒蟬鳴	天地始肅	鶺鴒鳴	蟄蟲坏戶	菊花開	霎時施
七十二候解說 末候	蒙霧升降	禾乃登	玄鳥去	水始涸	蟋蟀在戶	風萬黃

↑ 七十二候乃是將二十四節氣中的各個節氣細分成三，大約每五日為一個時候而來。每一個時候都擁有各自的名稱。七十二候作成於中國的春秋時代，而後傳入日本。

↑ 枯木風的到來，讓山野繽紛多彩了起來。畫面是片片彩葉在北風推助下飛向藍天奔放亂舞的景象。

立冬 孟冬 國曆 11 月 7-8 日 太陽黃經 225 度

立冬大約在 11 月 7 或 8 日左右。立冬是曆法制訂的冬季開始之日。氣溫大致和時處盛春時節的四月中旬差不多，但日照時間較短。東京周邊的日出時刻大約在清晨 6 點之後，日落時刻大約在傍晚 4 點 40 分左右。

過了立冬，實際的季節就會從秋季漸漸轉變成冬季。歷年以來，大地開始颳起冷冽的北風，以及氣壓變成冬季分布型態的時間，都是從立冬時節開始的。立冬時節首次颳起的北風有「枯木風一號」之稱。

進入立冬以後，氣候就會愈來愈像真正的冬天，太平洋沿岸出現晴天的日子會日漸增加；而日本海沿岸則是出現陰天的日子會日漸增加。

↑ 小雪時節日落得很早。小雪時節，在天氣多晴的太平洋沿岸經常可以欣賞到美麗的夕照。

小雪 孟冬 國曆 11 月 21-23 日 太陽黃經 240 度

小雪時節大約出現在國曆的 11 月 21、22 或 23 日左右，因此時「寒未濃，雪未大」而得名。就冬天而言，此時的天氣並不會特別寒冷，也不會特別溫暖。

小雪是一個年關迫近，可以實際感受到冬天已經到來的時節。歷年以來，在小雪前後就可以在東北地方、北陸地方或中部的山岳地帶見到該年度的第一場雪。在南部地方，銀杏也已黃了葉子，讓日本楓葉轉紅的紅葉鋒面也已經抵達日本列島的南端。小雪是太陽高度較低，也是夕照美好的時節。

註：臺灣僅有高海拔地區才較有降雪的機會。

271

↑ 微弱的太陽從飽受冰霜摧殘而枯竭的冬季原野上昇起。真正的寒冬即將來臨。

大雪 仲冬 國曆 12 月 6-8 日 太陽黃經 255 度

大雪時節大約出現在國曆的 12 月 6、7 或 8 日左右，因「雨受寒氣凝固成雪」而得名。

小雪時節的北風更強，在氣候上已經算是冬天。時間進入十二月之後，幾乎整個日本列島都有霜降現象發生，而且日均溫也跌破攝氏 10 度之下。沿日本海地帶雖然已有降雪，但是真正的大雪則必須等到隔年一月之後才會出現。十二月初旬，東京地區的日落發生在傍晚 4 點 28 分，是一年之中日落時刻最早的時節。而白晝長度之所以自大雪之後日趨短暫，是因為日出時間愈來愈晚的緣故。

註：臺灣在此時臺北最早的落日時刻為傍晚 5 點 04 分

↑ 冬至正午的太陽，是一年之中高度最低的太陽。和第 **249** 頁所示夏至太陽的所在高度對照相比，便可明白比較出冬至太陽位置低的程度。

冬至 仲冬 國曆 12 月 21-23 日 太陽黃經 270 度

　　冬至時節大約出現在國曆的 12 月 21、22 或 23 日，是一年之中白晝時間最短，黑夜時間最長的日子。東京地區在冬至時節的白晝時間約只有 10.5 小時。冬至的白天，由於橫越南方天空的太陽高度位置很低，使得微弱的太陽光得以射近家屋最裡邊的角落。

　　過了冬至之後，雖然白晝的時間會日漸拉長，但是寒冷的天氣才要從這時開始變本加厲而已。

　　臺灣在冬至時節有吃湯圓、喝粥、吃南瓜，泡柚子湯浴以祈求無病止災的習俗。冬至的時間剛好和聖誕節、國曆新年很接近，是一個充滿節日氣息的時節。

註：臺灣在此時臺北白晝長約 10 小時 35 分左右。

↑冰雪摧毀、覆蓋了乾枯的原野。寒冷時節所降下的冰雪不會溶解而互相沾附固著成塊，會一直保持在乾爽獨立的雪片狀態。

小寒 暮冬 國曆1月5-7日 太陽黃經285度

小寒大約出現在國曆的1月5、6或7日，因為此時「天候尚未大寒」而得名。在歷法上，從小寒起便進入屬於「寒」的時節。從小寒起，經過大寒，到立春前夕之日，這段為期三十天的期間有「寒之內」或「隆冬」等稱呼。

日本全國的冷天氣，也是要過小寒之後才會真正轉成嚴寒。時間進入1月以後，北海道或東北等沿日本海地帶幾乎每天都會降雪，不過在沿太平洋地帶則多為晴天。

日本人在1月7日有吃「七草粥」的習慣。如果是在氣候較溫暖的地方，還有機會在小寒時節發現水芹或薺菜呢！

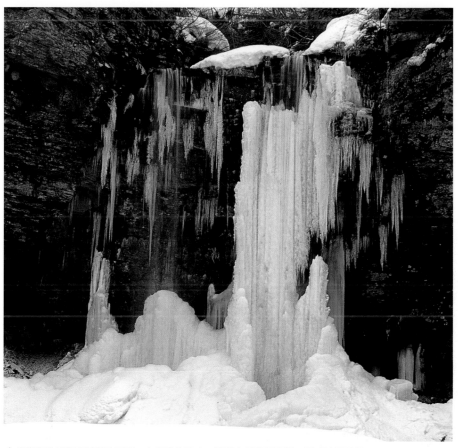

↑ 冬季寒冷的程度因各地而異。在寒冷的地方，連瀑布都會被凍結，形成冰瀑景象。

大寒 暮冬 國曆 1 月 19-21 日 太陽黃經 300 度

　　大寒時節大約出現在國曆的 1 月 19、20 或 21 日。從大寒開始到下一個節氣——立春之間，是實際上一年之中天氣最寒冷的時期。而梅花便是在這段最寒冷的時期中從各地傳出花開的訊息；如果是在氣候較溫暖的地方，應該也會有水仙花可賞。

　　隆冬的最後一天，就是習俗上要灑豆驅邪的「節分」。節分，在曆法上原指季節與季節的分界日，所以它可以泛指立春、立夏、立秋、立冬的前一天。但是節分一詞到了現在，已經轉變成專指立春前一日的單意詞。而節分一詞的詞意之所以會有這種變化，或許是因為這一天是從立春開始的一年的最後一天，各種祭典儀俗紛紛為了這一天而舉辦的緣故吧。

↑ 來到小寒之雪飄覆枝頭的「寒雀」。冬天的麻雀鼓起了蓬鬆的絨毛，看起來整隻圓滾滾的。

小陽春日和

　　孟冬的季節語。「小陽春」是農曆10月的別稱。若以國曆時間來說明期間，則大約是國曆11月到12月初的期間。小春時節天氣繼續朝冬天的天氣型態演進，因此是氣溫繼續下探的時期。「小陽春日和」指的是小春時節中溫暖而穩定的晴朗好日子。在北風連日持續吹襲的寒冷天氣之後，突然在小陽春裡出現了晴朗好天氣，溫暖和煦的冬陽總算可以讓瑟縮緊繃的身子稍微緩和一下。

　　世界各國都有和小陽春日和差不多語意的詞語。例如英美稱此時節為「印地安人之夏」；北歐稱之為「老婦人之夏」；俄羅斯則稱之為「女人之夏」。

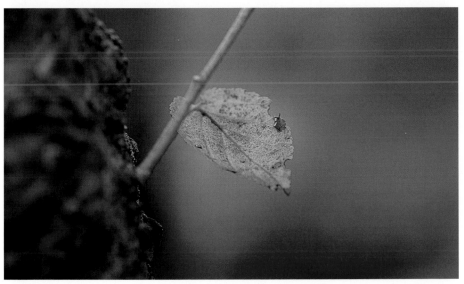

↑ 被枯木風吹得只剩下最後一片葉子的植株。當枯木風吹起，就代表和真正的冬天只差一步之遙了。

枯木風

　　孟冬的季節語。枯木風是冬季季風，遠從西伯利亞吹襲而來，溫度低寒，風勢強勁；被認為是會「吹落樹葉，使樹木枯死」的風。

　　當冬天的氣壓分布型態形成時，這股風就會從北方或西方襲來。宣告冬天到來的「枯木風一號」大多會在立冬前後颳起。

　　冬季北風的名稱有：攀越山脈而來，性質乾燥而強勁的「空風」；同樣是自山上吹落下來的「北落山風」；在西日本狂吹的西北風「乾風等。

↑彷彿讓樹木綻滿白花一般，飄落在落葉枯木上冰霜。披覆在樹木上的霜可稱為樹霜。

時雨

　　孟冬的季節雨。暮秋至孟冬期間，突然間就劈哩啪啦落下的陣雨。通常在已經生成的積雲通過上空時降下，而且以沿日本海地帶最常發生。時雨凍結成雪，雨雪夾雜地下的雨則稱為「雪時雨（暮冬）」。

霰

　　冬季的季節語。在飄降過程中就已經開始消融的雪，或是雨雪夾雜齊下的雪稱為「霰」。當地面附近氣溫較高，使得雪片在從雲層飄降而下的過程中已經開始消融就會形成霰。又稱為「雨夾雪」或「雨雜雪」。

霜

　　冬季的季節語。空氣中的水蒸氣冷卻後在冰凍附著在草木等物體表面的物體稱為「霜」。霜經常形成在晴朗夜晚的翌日清晨。如果霜量很大，還可以將四周都凍染成一片雪白顏色。土壤中的水分凍結而成的冰柱稱為「霜柱」。

霰

　　冬季的季節語。雲層中的微小水滴大量凍結附著在雪的結晶上時，就會形成「霰」。霰經常發生在沿日本海地帶，降落時會發出劈哩啪啦的聲響。霰又可分成脆弱的白色「雪霰」，以及表面堅硬，冰粒性質的「冰霰」。

■ 二十四節氣與七十二候表——冬季

季節	冬					
	孟冬		仲冬		暮冬	
氣節	十月節	十月中	十一月節	十一月中	十二月節	十二月中
節氣	立冬	小雪	大雪	冬至	小寒	大寒
日期（大約）	十一月八日	十一月二十三日	十二月七日	十二月二十一日	一月五日	一月二十一日
太陽黃經	二百二十五度	二百四十度	二百五十五度	二百七十度	二百八十五度	三百度

節氣	七十二候	日期（大約）	七十二候解說
立冬	初候	十一月八日至十二日	山茶始開
	次候	十一月十三日至十七日	地始凍
	末候	十一月十八日至二十二日	金盞香
小雪	初候	十一月二十三日至二十七日	虹藏不見
	次候	十一月二十八日至十二月二日	朔風拂葉
	末候	十二月三日至六日	菊始黃
大雪	初候	十二月七日至十一日	閉塞成冬
	次候	十二月十二日至十五日	熊蟄穴
	末候	十二月十六日至二十日	鱖於群
冬至	初候	十二月二十一日至二十六日	乃東生
	次候	十二月二十七日至三十一日	麋角解
	末候	一月一日至四日	雪下出麥
小寒	初候	一月五日至九日	芹乃榮
	次候	一月十日至十四日	水泉動
	末候	一月十五日至二十日	雉始雊
大寒	初候	一月二十一日至二十五日	款冬華
	次候	一月二十六日至三十日	水澤腹堅
	末候	一月三十一日至二月三日	雞始乳

↑ 七十二候乃是將二十四節氣中的各個節氣細分成三，大約每五日為一個時候而來。每一個時候都擁有各自的名稱。七十二候作成於中國的春秋時代，而後傳入日本。

279

名詞索引

本索引廣泛收錄了雲的別稱或氣象用語、季節語等，方便讀者查詢。

田中達也

一九五六年日本愛知縣出生。日本攝影家協會會員、日本自然科學攝影協會會員。曾以醫療社會工作者身分投身精神障礙者的個案工作,而後獨立從事自然攝影工作。攝影對象多元,涵蓋昆蟲、花卉等生活周遭的自然景物,以及風景、天空、宇宙等各種領域,是少數能以獨創觀點拍攝多元題材的攝影家。其作品情感細膩且撼動人心,廣受好評。攝影作品發表於相機誌、戶外誌以及月曆等出版品。舉辦過「魅惑的森林」、「誘惑美」、「天空的模樣」等多場攝影展。最近出版的著作有《Q & A攝影學校》、《光的選擇法》(學研)、光碟《天空》(**SYNFOREST**)、《享受自然的方法──秋、冬、春、夏》(山與溪谷社)。

國家圖書館出版品預行編目（CIP）資料

雲圖鑑／田中達也著；黃郁婷翻譯 . -- 二版 . -- 臺
中市：晨星出版有限公司，2021.10　面；　公分 . --
（臺灣自然圖鑑；6）
　含索引

ISBN 978-626-7009-41-3（平裝）

1. 雲　2. 圖鑑

328.62025　　　　　　　　　　110011157

詳填晨星線上回函
50 元購書優惠券立即送
（限晨星網路書店使用）

台灣自然圖鑑 006

雲圖鑑

作　　者	田中達也
翻　　譯	黃郁婷
審　　訂	謝新添
編　　輯	陳佑哲
美術編輯	賴怡君、林姿秀
封面設計	柳佳璋
創辦人	陳銘民
發行所	晨星出版有限公司
	臺中市 407 西屯區工業三十路 1 號
	TEL：04-23595820　FAX：04-23550581
	http://www.morningstar.com.tw
	行政院新聞局版臺業字第 2500 號
法律顧問	陳思成律師
初版	西元 2011 年 03 月 10 日
二版	西元 2021 年 10 月 06 日
讀者專線	TEL：（02）23672044 /（04）23595819#230
	FAX：（02）23635741 /（04）23595493
	E-mail：service@morningstar.com.tw
網路書店	http：//www.morningstar.com.tw
郵政劃撥	15060393（知己圖書股份有限公司）
印刷	上好印刷股份有限公司

定價 690 元
ISBN 978-626-7009-41-3
First Published in Japan 2001.
Copyright © 2001 by Tatsuya TANAKA & Yumi KOBATAKE.
Published by Yama-Kei Publishers Co., Ltd., Tokyo, JAPAN.
Supervised by Future View Technology Ltd., Taipei, Taiwan,
Republic of China
Published by Morning Star Publishing Inc.
Printed in Taiwan

◆ 讀 者 回 函 卡 ◆

以下資料或許太過繁瑣，但卻是我們瞭解您的唯一途徑，

誠摯期待能與您在下一本書中相逢，讓我們一起從閱讀中尋找樂趣吧！

姓名：_____　　性別：□ 男　□ 女　　生日：　　/　　　　/

教育程度：_____

職業：□ 學生　　　　□ 教師　　　　□ 內勤職員　　　□ 家庭主婦

　　　□ 企業主管　　□ 服務業　　　□ 製造業　　　　□ 醫藥護理

　　　□ 軍警　　　　□ 資訊業　　　□ 銷售業務　　　□ 其他_____

E-mail：_____　　聯絡電話：_____

聯絡地址：□□□_____

購買書名：雲圖鑑_____

·誘使您購買此書的原因？

□ 於 _____ 書店尋找新知時　□ 看 _____ 報時瞄到　□ 受海報或文案吸引

□ 翻閱 _____ 雜誌時　□ 親朋好友拍胸脯保證　□ _____ 電台DJ熱情推薦

□電子報的新書資訊看起來很有趣　□對晨星自然FB的分享有興趣　□瀏覽晨星網站時看到的

□ 其他編輯萬萬想不到的過程：_____

·本書中最吸引您的是哪一篇文章或哪一段話呢?_____

·您覺得本書在哪些規劃上需要再加強或是改進呢?

□ 封面設計_____　　□尺寸規格_____　　□版面編排_____　　□字體大小_____

□內容_____　　　□文／譯筆_____　　□其他_____

·下列出版品中，哪個題材最能引起您的興趣呢?

台灣自然圖鑑：□植物 □哺乳類 □魚類 □鳥類 □蝴蝶 □昆蟲 □爬蟲類 □其他_____

飼養&觀察：□植物 □哺乳類 □魚類 □鳥類 □蝴蝶 □昆蟲 □爬蟲類 □其他_____

台灣地圖：□自然 □昆蟲 □兩棲動物 □地形 □人文 □其他_____

自然公園：□自然文學 □環境關懷 □環境議題 □自然觀點 □人物傳記 □其他_____

生態館：□植物生態 □動物生態 □生態攝影 □地形景觀 □其他_____

台灣原住民文學：□史地 □傳記 □宗教祭典 □文化 □傳說 □音樂 □其他_____

自然生活家：□自然風DIY手作 □登山 □園藝 □觀星 □其他_____

·除上述系列外，您還希望編輯們規畫哪些和自然人文題材有關的書籍呢?_____

·您最常到哪個通路購買書籍呢? □博客來 □誠品書店 □金石堂 □其他

很高興您選擇了晨星出版社，陪伴您一同享受閱讀及學習的樂趣。只要您將此回函郵寄回本社

，或傳真至（04）2355-0581，我們將不定期提供最新的出版及優惠訊息給您，謝謝！

若行有餘力，也請不吝賜教，好讓我們可以出版更多更好的書！

·其他意見：_____

晨星出版有限公司 編輯群，感謝您！